2021 年上海市重点图书

中国工程院院士咨询项目研究成果

面向新时代的流程工业工程科技人才培养研究

钱 锋 周 玲 范惠明 编著

华东理工大学出版社
EAST CHINA UNIVERSITY OF SCIENCE AND TECHNOLOGY PRESS

·上海·

图书在版编目（CIP）数据

面向新时代的流程工业工程科技人才培养研究／钱
锋,周玲,范惠明编著. —上海：华东理工大学出版社，
2021.11
ISBN 978 - 7 - 5628 - 6642 - 8

Ⅰ.①面…　Ⅱ.①钱…　②周…　③范…　Ⅲ.①过程工
业—技术人才—人才培养—研究—中国　Ⅳ.①T-4

中国版本图书馆 CIP 数据核字（2021）第 207173 号

内 容 提 要

本书立足新时代,总结了国内外工程教育改革与发展的主要动态,综合分析了我国流程工业发展的现状与趋势,采用调研访谈和问卷调查等方法,分别从高校、企业视角系统探讨了当前我国流程工业工程科技人才培养的现状与问题,对国内外高校的创新实践进行了案例研究,以建立人才培养供需平衡机制和提高人才培养质量为重点进行了战略设计。最后,本书从政府、高校和企业三个层面提出了政策建议。

本书可供研究流程工业工程科技人才培养的政府、高校、研究机构的专业人员借鉴学习,也可作为高等院校相关专业的参考用书。

策划编辑／花　巍
项目统筹／吴蒙蒙
责任编辑／左金萍
装帧设计／徐　蓉
出版发行／华东理工大学出版社有限公司
　　　　　地址：上海市梅陇路 130 号,200237
　　　　　电话：021-64250306
　　　　　网址：www.ecustpress.cn
　　　　　邮箱：zongbianban@ecustpress.cn
印　　刷／上海盛通时代印刷有限公司
开　　本／710 mm×1000 mm　1/16
印　　张／13.25
字　　数／217 千字
版　　次／2021 年 11 月第 1 版
印　　次／2021 年 11 月第 1 次
定　　价／98.00 元

中国工程院院士咨询项目"新时代我国流程工业工程科技人才培养发展战略研究"（2019 – RC – 2）研究成果

序

preface

习近平总书记指出，"新时代新阶段的发展必须贯彻新发展理念，必须是高质量发展"。我国是全球流程工业制造大国，流程工业不但在制造业中占有很大比重，而且多是我国实体经济重要的基础产业，实现流程工业的高质量发展对推动制造强国建设和经济高质量发展具有重要意义。

当今世界正从原来的二元空间进入新的三元空间，新的信息空间和信息流推动科技、产业和社会出现新的变化，"人工智能2.0"技术已露端倪，大数据智能、群体智能、跨媒体智能、人机混合增强智能、自主智能系统等均显示强劲发展趋势。"人工智能2.0"和工业经济的深度融合会产生深远的影响，将在工厂生产过程智能化、企业经营管理智能化、产品创新智能化、产业链智能化、经济调节智能化五个关键层次上推动中国工业经济智能化向深度发展。

这一轮新科技革命和产业变革的交汇演进，为传统流程工业转型升级提供了机遇。相比离散工业，我国流程工业产能更为集中，数字化、网络化基础更好，也更有可能率先实现与"人工智能2.0"技术的融合，加快推进智能化、绿色化、高效化发展。要实现流程工业转型发展，关键在于夯实人才基础。中华人民共和国成立以来，特别是改革开放以来，我国高校向流程工业领域输送了大量的工程科技人才，为流程工业由小到大的发展提供了持续的科技和人才支撑。但流程工业工程科技人才培养也存在一些亟待解决的突出问题，人才培养质量与企业的要求还有一定的差距，特别是在当前新一代信息技术与制造业深度融合趋势下，流程工业工程科技人才培养将面临创新驱动的新挑战。

本书正是在这样的背景下，由华东理工大学副校长钱锋院士和高等教育研究所所长周玲教授带领研究团队基于数据与证据研究完成的。钱锋院士长期从事化工过程资源与能源高效利用的系统运行智能控制和实时集成优化理论方法与关键技术的研究，对我国流程工业发展现状与未来发展趋势有着全面的认知和独到的见解，并且长期关注工程教育改革，对流程工业工程科技人才培养有着深刻的理解。周玲教授是我国工程教育研究领域的知名学者，曾参与新工科建设相关文件的起草工作，对工程教育的理论和实践有着深入的了解。

本书深刻把握了国内外工程教育的主要趋势，深入调研分析了当前我国流程工业工程科技人才培养的现状与问题，扎实开展了丰富的案例研究，系统构建了"基于全生命周期的多通道人才培养模式"，并针对性地提出了未来人才培养改革的对策建议。本书是国内第一部系统研究流程工业工程科技人才培养方面的专著，对我国流程工业工程科技人才培养改革具有重要的意义。

中国特色社会主义进入了新时代，中国经济已转向高质量发展阶段，我们迫切需要高质量人才支撑高质量发展。期望这部专著能够为我国流程工业工程科技人才培养和工程教育改革做出重要的贡献，让我们共同推动中国工程教育走向更美好的未来！

是为序。

中国工程院院士 潘云鹤

2021 年 7 月

前 言

foreword

2017 年，中华人民共和国教育部（以下简称"教育部"）启动新工科建设，2018 年，联合发布的《教育部 工业和信息化部 中国工程院关于加快建设发展新工科实施卓越工程师教育培养计划 2.0 的意见》（教高〔2018〕3 号），对我国未来工程教育改革进行了系统性的战略思考和谋划，提出要深入开展新工科研究与实践，统筹考虑"新的工科专业、工科的新要求"，探索建立工程教育的新理念、新结构、新模式、新质量、新体系，形成中国特色、世界一流的工程教育体系。

流程工业主要包括石油、化工、钢铁、有色金属、建材等基础原料行业，是制造业的重要组成部分。我国是世界上门类最齐全、规模最庞大的流程制造业大国，钢铁、有色金属、水泥等产量均居世界第一，流程工业既是我国国民经济和社会发展的支柱产业，也是实体经济的基石和经济持续增长的重要支撑力量。经过几十年的发展，我国流程工业在生产工艺、装备、自动化水平等方面得到了大幅提升，整体实力迅速增强，但是与国际先进水平相比，仍然存在生产效率低、能耗/物耗高、高端制造水平亟待提高、安全和环保压力大等问题。

在新一轮科技革命和产业变革背景下，以人工智能、大数据、工业互联网等为代表的新一代信息技术正在不断赋能传统产业。因此，加快新一代技术与流程工业的深度融合，为我国流程工业转型升级、实现智能优化制造和高质量发展提供了契机。而加快培养能够适应并引领未来流程工业发展的工程科技人才是当前迫切需要解决的关键问题。

2019 年，受中国工程院资助，华东理工大学钱锋院士领衔组织国内流程工业领域八位院士，以及华东理工大学高等教育研究所和信息科学与工程学院等有关专家承担了"新时代我国流程工业工程科技人才培养发展战略研究"项目。在近两年的项目实施过程中，项目组系统总结了国内外工程教育改革与发展的新趋势，分析了我国流程工业发展现状与趋势，通过实地调研和问卷调查等方法深入探讨了我国流程工业工程科技人才培养的现状与问题，选取了国内外高校优秀实践案例进行研究，最后提出了新时代我国流程工业工程科技人才培养发展战略及对策建议。

项目组由钱锋院士、周玲教授负责，主要成员有钟伟民教授、杜文莉教授，以及堵威、范惠明、龚玉、马晓娜、高芳祎、孙艳丽等老师。华东理工大学高等教育研究所王维军、樊丽霞、刘甘雨、王鹏莉、范青青、黄珍、王思涵、孙建辉等研究生也参加了课题研究，以及本书的编写、校对工作。

本书在项目研究的基础上形成，由于作者水平所限，难免存在不当之处，敬请读者批评指正。

编　者

2021 年 1 月

目　录

contents

1 绪 论

　　科技是国家强盛之基,创新是民族进步之魂。工程科技是科技向现实生产力转化的关键环节,工程科技发展在支撑我国现代化经济体系建设,推动经济发展质量变革、效率变革、动力变革中具有独特的作用,是引领与推进社会进步的重要驱动力,而工程科技人才培养就是实现这一转化、推动和引领作用的根本和基础。当前国际环境复杂严峻,新冠肺炎疫情所带来的影响和不确定性增加。在此背景下,作为我国国民经济支柱和基础产业的流程工业,必须坚持创新、协调、绿色、开放、共享的发展新理念,积极参与国内国际"双循环"相互促进新发展格局的构建,必须通过推动产业智能化转型升级,深化供给侧结构性改革和技术创新、制度创新,突破体制机制障碍,解决"卡脖子"问题,维护产业链、供应链的安全稳定,为实现"两个一百年"奋斗目标做出更大贡献。为此,必须加快推进流程工业工程教育改革再深化、再拓展、再突破、再出发,必须加速培养适应和引领未来流程工业智能制造的高质量、创新型工程科技人才。

　　为适应新一轮科技革命和产业变革的新趋势,紧紧围绕国家战略和区域发展需要,必须看到以人工智能为核心的新技术已不断涌现,并赋能于各个行业领域。流程工业这一在国民经济和社会发展中至关重要的行业,面对新的形势亟待转型升级,以便通过新技术实现智能优化制造和高质量发展,这就对我国流程工业工程科技人才培养与发展提出了更高的要求。如何培养满足未来流程工业需求的工程科技人才已成为迫切需要我们解决的关键问题。新工科建设和"卓越工程师教育培养计划2.0"对未来工程教育改革进行了系统性的战略思考和谋划,提出要深入开展新工科研究与实践，统筹考虑"新的工科专业、工科的新要求"。在此背景下，流程工业工程学科专业应该结合自身发展特点，深入思考新时代、新技术、新需求带来的新要求，探索人才培养与发展的新标准、新模式，面向产业、面向世界、面向未来，改造升级传统流程工业工程学科专业，打造流程工业创新中心和工程科技人才培养高地。

1.1 研 究 背 景

1.1.1 新时代背景下我国工程教育进入新阶段

当前，新一轮科技革命和产业变革加速演进，人工智能、云计算、大数据等新技术不断涌现，以新技术、新业态、新产业、新模式为特点的新经济蓬勃发展，与此同时，新技术与传统产业的结合正在快速推进传统产业的改造升级。国家正在实施"创新驱动发展""中国制造 2025""互联网+""新一代人工智能"等重大战略和规划，大力夯实制造强国建设，推动互联网、大数据、人工智能和实体经济的深度融合。

习近平总书记指出，"我们对高等教育的需要比以往任何时候都更加迫切，对科学知识和卓越人才的渴求比以往任何时候都更加强烈"。为应对新一轮科技革命和产业变革，加速制造强国战略实施，迫切需要培养大批新兴工程科技人才。为此，我国适时提出了新工科建设行动以及以此为重要抓手的"卓越工程师教育培养计划 2.0"，这也预示着我国工程教育进入新的阶段，将不断深化工程教育改革，加快培养适应和引领新一轮科技革命和产业变革的卓越工程科技人才。

特别是《教育部 工业和信息化部 中国工程院关于加快建设发展新工科实施卓越工程师教育培养计划 2.0 的意见》（教高〔2018〕3 号）具体提出，要"加快新工科建设，统筹考虑'新的工科专业、工科的新要求'，改造升级传统工科专业，发展新兴工科专业""探索建立工程教育的新理念、新标准、新模式、新方法、新技术、新文化"，如何将这些要求和改革任务落到实处是工程教育界必须面临和解决的问题。

1.1.2　智能化背景下流业工业进入新的发展阶段

流程工业主要包括石油、化工、钢铁、有色金属、建材等基础原料行业，是国民经济的支柱和基础产业，也是世界制造大国经济持续增长的重要支撑力量①，我国是世界上门类最齐全、规模最庞大的流程制造业大国，钢铁、有色金属、水泥等产量均居世界第一，石油加工能力、乙烯产量位居世界第二②。可见流程工业对国民经济和社会发展起着举足轻重的作用，发展流程工业是实现制造强国的重要内容。

经过数十年发展，目前我国流程工业在生产工艺、装备及自动化水平等方面都得到了大幅提升，但是总体生产制造效能与国际先进水平相比仍有一定差距，主要表现在产品结构性过剩依然严重、管理和营销等决策缺乏知识型工作自动化、资源与能源利用率不高、高端制造水平亟待提高、安全环保压力大等方面①。未来，我国流程工业必须从局部、粗放的生产与管理模式向全流程、精细化的生产与管理模式转变，智能化是我国流程工业发展的必然方向。在新一轮科技革命和产业变革背景下，应当以人工智能等技术为核心，加快新技术与流程工业的深度融合，为我国流程工业的智能优化制造提供新的契机。

1.1.3　流程工业工程科技人才培养面临的新问题和新挑战

一方面，作为传统工科，我国在流程工业工程科技人才培养中仍存在着我国工程教育的普遍问题，例如，专业设置过细、调整灵活性不够，人才培养模式单一，学生工程实践能力不足，跨学科培养能力偏弱，解决复杂工程问题的能力欠缺，科教融合进程缓慢，课堂教学质量不高，工科教师"非工化"问题严峻等。

另一方面，在新时代和未来产业发展要求下，我国流程工业工程

---

① 钱锋，钟伟民，杜文莉. 流程工业智能优化制造的基础理论与关键技术 ［J］. Engineering, 2017, 3（2）: 161 - 175.
② 中国电子技术标准化研究院，深圳华制智能制造技术有限公司，东北大学. 流程型智能制造白皮书 ［R］. 北京，2019.

科技人才培养也面临着新的挑战。其一，新时代对工程科技人才培养目标提出了更高的要求，如何"培养德智体美劳全面发展的社会主义建设者和接班人"成为未来工程科技人才培养的重要命题；其二，未来流程工业智能优化制造的发展对工程科技人才提出了新的要求，他们必须具备新技术应用能力、系统思维能力、跨界整合能力、绿色工程意识、创新创业能力、国际化能力、终身学习能力等，亟须开展系统性的研究，构建新时代我国流程工业工程科技人才培养的新目标和新要求。

1.2 研究意义

一是把握新时代对流程工业工程学科专业及人才培养的新要求。本书充分把握新时代国际工程教育改革与发展趋势，分析我国流程工业智能优化制造的发展对工程科技人才的新要求，探讨其对我国流程工业工程学科专业及人才培养产生的影响；通过实证调查发现当前流程工业工程科技人才培养中存在的问题，为目前工程教育研究中关于人才培养的探讨提供依据，提出新时代流程工业工程科技人才培养的战略设计，即"知识-能力-素质-价值"四位一体人才培养目标；明确提出基于全生命周期的多通道人才培养模式，为高校、政府、企业提出可实现、可操作的对策建议，对于我国流程工业工程学科专业改造升级，知识体系、培养体系再造，适应和引领未来产业发展的工程科技人才培养，以及为我国流程工业智能优化制造的发展提供科学和人才的支撑均具有重要意义。

二是构建新时代我国流程工业工程科技人才培养发展战略。本书在明确新时代对工程科技人才培养新要求、我国流程工业智能优化制造技术需求、我国流程工业工程学科专业及人才培养改革要求的基础上，充分借鉴国内外已有案例，提出新时代我国流程工业工程科技人才培养发展战略，为我国未来流程工业工程科技人才培养改革提供参考。

1.3　研　究　概　要

本书通过文献研究、实地调研、访谈、案例、问卷调查等方式，就我国流程工业工程科技人才培养相关问题进行了深入的研究，形成了一定的创新成果。

1.3.1　国内外工程教育新趋势

流程工业工程科技人才培养是工程教育的重要内容或分支，把握国内外工程教育的整体趋势是研究流程工业工程科技人才培养的基础。第 2 章从国外和国内两个方面分析了当前全球工程教育新趋势。从国外来看，主要考察了《工程教育全球现状》（*the Global State of the Art in Engineering Education*）报告和"新工程教育转型"（the New Engineering Education Transformation，NEET）计划，前者重点论述了国际范围内工程教育的三大趋势，后者是麻省理工学院（Massachusetts Institute of Technology，MIT）针对未来新机器与新工程体系而进行的系统性工程教育改革。从国内来看，新工科建设和"卓越工程师教育培养计划 2.0"是当前工程教育改革的主要趋势，对新时代工程教育高质量发展提出了系统性的顶层设计和战略谋划，"未来技术学院"和"现代产业学院"则进一步提出要通过创新办学模式，将科教融合、产教融合作为人才培养的重要途径。总结来看，当前国内外工程教育新趋势主要包括：① 适应新技术、新经济，调整学科专业；② 强调跨学科专业教育；③ 将新技术融入传统工科知识结构；④ 重视工程伦理和人文素养的培养；⑤ 项目式课程成为课程教学的重要方式；⑥ 加强产教深度融合。

1.3.2　我国流程工业发展现状与趋势

产业界的需求是工科人才培养目标的重要参考，了解我国流程工业发展的现状与趋势对高校培养适应产业发展的人才至关重要。第 3 章重点探讨了我国流程工业的现状与趋势。在现状方面，主要总结了我国流程工业发展存在的问题，包括：① 优质资源日渐枯竭，自然资源开发难度大；② 安全问题日益突出；③ 环保压力日益增大；④ 智能化、数字化水平亟待提高。在未来趋势方面，我国流程工业的发展目标是实现智能优化制造，一方面是在工程技术层面实现"四化"，即数字化、智能化、网络化、自动化；另一方面是在企业运行层面实现"四化"，即敏捷化、高效化、绿色化、安全化。可见，未来我国流程工业的主要发展趋势是通过智能化来提升工艺水平和运行水平，达到绿色、安全、高效的目标。

1.3.3　我国流程工业工程科技人才培养的现状与问题

　　了解和分析当前我国流程工业工程科技人才培养的现状与问题是针对性提出改进对策的前提。第 4 章通过对企业、高校的实地调研、访谈和问卷调查等，具体分析了当前我国流程工业工程科技人才培养的现状与问题。从人才培养质量来看，存在的主要问题包括：① 学生主动学习能力和职业规划能力偏弱；② 学生跨学科知识储备和跨界整合能力不足；③ 学生实践能力偏弱；④ 学生批判性思维能力、沟通与表达能力偏弱。从学校培养来看，存在的主要问题包括：① 在课程体系方面，通识课程、基础课程、专业课程的学分设置存在一定的不合理性，绿色与环保、安全、数字化与智能化三类课程或教学尚能满足未来需求；② 在课程教学方面，课程内容更新慢、跨专业课程少、教学方法缺少创新；③ 在实验教学方面，实验课缺少探索性、设计性、综合性实验，实验场地、设备、开放时间受限；④ 在实践实习方面，毕业实习时间偏短，实操训练少，企业对安全性要求高；⑤ 在师资队伍方面，教师缺少工程实践，传统工科教师缺少对人工智能的了解，高校缺少对企业导师的职责界定和激励；⑥ 在校企合作方面，企业参与回报小导致其积极性不高，政府缺少约束和激励机制，高校邀请企业参与人才培养的积极性不高；⑦ 在毕业去向方面，学生去流程工业领域就业的比例不高，原因主要为流程工业工作艰苦、环境差、起薪低、危险性高等。

1.3.4　流程工业工程科技人才培养的国内外高校案例研究

　　通过案例研究了解当前国内外流程工业工程科技人才培养的优秀做法

以及可能存在的共性问题，为本书提出对策建议提供参考和借鉴。第 5、第 6 章分别考察了流程工业相关专业的 4 个国内高校案例和 6 个国外高校案例，第 7 章对国内外高校案例进行了系统总结。从可供借鉴的经验来看，主要包括：① 在人才培养目标方面，注重通识能力和专业能力培养的融合；② 在课程设置方面，关注新技术、新产业，拓展知识广度；③ 在培养模式方面，强调跨学科培养、校企联合培养；④ 在课堂教学方面，探索项目式教学、研讨式教学；⑤ 在实验教学方面，增加综合性、设计性实验；⑥ 在实践实习方面，通过服务性学习培养学生社会服务能力；⑦ 在创新创业教育方面，提供本科研究机会和创业教育机会；⑧ 在师资队伍方面，延揽企业导师，增强工科教师实践能力；⑨ 在校企合作方面，企业深度参与人才培养方案设计、教学，开展合作教育计划；⑩ 在对外交流与合作方面，搭建国际交流平台，实施海外实践项目。但是，从案例中同样可以发现当前流程工业工程科技人才培养的普遍性不足，体现在以下四点：① 国际化理念和格局有待提升；② 基于流程工业工程的综合性课程教学不足；③ 智能化理念和技术在专业培养中体现不足；④ 师资队伍的"非工化"问题尚未得到有效解决。

1.3.5 新时代我国流程工业工程科技人才培养发展战略设计

第 8 章从人才培养目标、培养模式、培养体系与路径三个方面设计新时代我国流程工业工程科技人才培养发展战略。① 从人才培养目标来看，新时代流程工业工程科技人才应在知识、能力、素质、价值等方面达到新的质量水平。在知识方面，要具备数学与自然科学知识、工程基础与专业知识、经济管理与法律知识、跨学科知识、人工智能的技术和知识。在能力方面，应具备以下能力：利用工程知识解决复杂工程问题，进行问题分析，设计或开发解决方案，研究、使用现代工具与人工智能技术，设计、开发与操作工业软件，系统的工程思维、批判性思维，创新与创造，团队合作与领导，项目管理，沟通与表达，国际化，终身学习等。在素质方面，要具备人文素养、科学精神、工程伦理、坚毅品性。在价值方面，要有专业使命、家国情怀、健全人格、社会责任。② 从人才培养模式来看，

008 | 面向新时代的流程工业工程科技人才培养研究

本书提出了基于全生命周期的多通道模式，首先要以"全生命周期"理念引领培养模式设计，其次要为学生提供多样化、个性化的培养过程，最后要提供多通道的培养方向。③ 从人才培养体系与路径来看，要改造升级传统学科专业，加强核心通识课程和人工智能课程建设，加强人工智能教材建设，推广和应用慕课（MOOC）、问题式学习、项目式教学方式，建设熟知工程实践的师资队伍，深化校企联合人才培养模式。

1.3.6　新时代我国流程工业工程科技人才培养的对策建议

第 9 章从政府、高校、企业三个层面提出了推进新时代我国流程工业工程科技人才培养的对策建议。在政府层面：① 进一步调整学科专业目录，增加高校专业设置自主权；② 建立校企合作培养的约束与激励机制；③ 建立区域性校企合作基地。在高校层面：① 完善人才培养目标，突出价值教育；② 加强理想信念教育，提升家国情怀和奉献精神；③ 按照"学科+工程"的逻辑设计课程，增加"EHS+AI"① 课程；④ 探索项目式课程教学，增强课程互动性；⑤ 开展跨学科教学，培养复合型创新型人才；⑥ 提供更多实验机会，增加创新性实验；⑦ 延长实习时间，提高实习质量；⑧ 提升国际化格局，增加国际实践机会；⑨ 提高产学研合作要求，提升教师实践能力；⑩ 耦合"校、企、生"利益，建立可持续校企合作培养模式。在企业层面：① 更新合作理念，积极参与人才培养；② 创新合作方式，平衡企业短期收益。

---

① EHS 即环境（Environment）、健康（Health）、安全（Safety）；AI 即人工智能（Artificial Intelligence）。

2 工程教育新趋势

流程工业领域的工程科技人才培养是工程教育的重要组成部分,梳理国内外工程教育新的发展趋势和特征,有助于探讨面向新时代的流程工业工程科技人才培养质量、培养模式、培养路径等。本章介绍了近几年国内外工程教育发展动态,并总结了新的趋势和特征。

2.1 国外工程教育新趋势

2.1.1 《工程教育全球现状》报告

2018年,MIT发布了《工程教育全球现状》报告,该报告总结了国际工程教育的三大趋势①。

第一,全球工程教育中心的转移。报告指出,当前全球工程教育中心呈现出由北到南、由高收入国家向新兴经济体转移的趋势。这些新兴经济体日益认识到技术创新人才对国家经济驱动的重要性,因而不断增加对工程教育的投入。

第二,工程教育日益关注与社会和外部环境相关的课程设置。这些课程强调学生的自主选择、多学科学习和社会影响,并且强调学生课堂外、传统工程学科外的经历和学习。

第三,以学生为中心的,以整合式、规模化课程为特点的新一代工程教育领袖机构的出现。这些课程的连贯性和集成性可通过一系列设计项目

---

① Graham R. The Global State of the Art in Engineering Education [R]. Massachusetts: Massachusetts Institute of Technology, 2018.

相互联系起来。

2.1.2 "新工程教育转型"计划

2017年，MIT启动了NEET计划，旨在重塑MIT的工程教育。该计划采取的培养措施和呈现的特点主要体现在以下几个方面。

（1）工程教育要面向新机器和新系统。MIT认为，未来工程教育将面临新机器和新系统，这是工程教育及其改革的重大战略背景。简单来讲，新的机器和系统是未来MIT学生进入工作后所要创造的与机械、分子、生物、信息、能源等相关的工程人工物[1]。与传统的机器和系统相比，新的机器和系统将面临新的技术和环境，包括机器学习、物联网、自动和机器人系统、新材料设计和制造系统、智能电网、智能城市、智能基础设施、可持续材料和能源系统、AI健康诊断和治疗等[1]，体现出高度的整合性、复杂性、连通性、自主化以及可持续发展等特色[2]。因此，当前面向固定学科的人才培养模式将不能适应未来工程科技人才的要求，亟须重塑面向新机器和新系统的新的工程教育模式，克服来自传统培养模式的学术惯性、来自认证标准和职业团体的固有影响以及来自公司的雇佣偏好[1]。

（2）学生应掌握11种新思维方式。NEET计划提出学生要学会如何思考和如何有效学习，掌握11种新思维方式。这11种新思维方式包括：① 制造；② 发现；③ 人际技能；④ 个人技能和态度；⑤ 创造性思维；⑥ 系统思维；⑦ 批判性和元认知思维；⑧ 分析思维；⑨ 计算思维；⑩ 实验思维；⑪ 人文思维。[1]

（3）提供五个方向的项目课程群。NEET计划为工程学院学生提供了五个方向的项目课程群，修完任一方向的项目课程，都可以获得相应的证书。这五个方向包括：① 先进材料机器；② 智能机器；③ 数字城市；④ 生命机器；⑤ 可再生能源机器。[3]

---

[1] MIT. About the NEET Program [EB/OL]. [2020-08-07]. https：//neet. mit. edu/about.

[2] 肖凤翔，覃丽君. 麻省理工学院新工程教育改革的形成、内容及内在逻辑 [J]. 高等工程教育研究，2018（2）：45-51.

[3] MIT. NEET Threads [EB/OL]. [2020-08-07]. https：//neet. mit. edu/threads.

（4）以项目为中心的教学。NEET 计划为每个方向的项目课程群都设置了一定数量的项目课程，开展以项目为中心的教学。不同于传统的基于项目的学习（通常作为课程教学的补充），MIT 新提出的以项目为中心的教学将项目作为课程教学的中心，在项目完成的过程中，通过自主学习、数字化学习、同侪学习、教师指导等方式，帮助学生自我构建知识体系，培养跨学科整合的能力、解决工程问题的能力和新思维方式等[1]。

2.2　国内工程教育新趋势[2]

2.2.1　新工科建设

2017 年，教育部启动了新工科建设，通过"复旦共识""天大行动""北京指南"阐述了新工科建设的内涵特征、建设与发展路径、具体实施方案等。到目前为止，新工科建设取得了卓有成效的成绩，推动了新时代工程教育的高质量发展。

（1）提出了新工科建设的总体目标。"复旦共识"提出从两个路径推动新工科建设，一是设置和发展新兴工科专业，二是推动现有工科专业的改革创新。"复旦共识"还提出了"五新"的目标[3]：树立创新型、综合化、全周期工程教育"新理念"，构建新兴工科和传统工科相结合的学科专业"新结构"，探索实施工程教育人才培养的"新模式"，打造具有国际竞争力的工程教育"新质量"，建立完善中国特色工程教育的"新体系"。实现我国从工程教育大国走向工程教育强国的战略目标。

（2）提出了新工科人才培养的目标。新工科建设提出了三类高校的工

---

① 朱伟文，李亚东 . MIT"项目中心课程"人才培养模式解析及启示［J］. 高等工程教育研究，2019（1）：158 - 164.

② 为准确表达政策的核心要义，本节引用了政策文本中的一部分原文对相关政策进行梳理和简略介绍，特此说明。

③ 教育部高教司 ."新工科"建设复旦共识［EB/OL］.［2020 - 08 - 07］. http：//www. moe. gov. cn/s78/A08/moe_745/201702/t20170223_297122. html.

程科技人才的培养目标①：一是工科优势高校要拓展工科专业的内涵和建设重点，构建创新价值链，大力培养工程科技创新和产业创新人才；二是综合性高校要培育新的工科领域，促进科学教育、人文教育、工程教育的有机融合，培养科学基础厚、工程能力强、综合素质高的人才；三是地方高校要深化产教融合、校企合作、协同育人，培养具有较强行业背景知识、工程实践能力、胜任行业发展需求的应用型和技术技能型人才。

（3）提出了新工科建设的行动路径。"天大行动"具体提出了新工科建设的行动路径②：探索建立工科发展新范式；问产业需求建专业，构建工科专业新结构；问技术发展改内容，更新工程人才知识体系；问学生志趣变方法，创新工程教育方式与手段；问学校主体推改革，探索工科自主发展、自我激励机制；问内外资源创条件，打造工程教育开放融合新生态；问国际前沿立标准，增强工程教育国际竞争力。

2.2.2 "卓越工程师教育培养计划 2.0"

2018 年，联合发布的《教育部 工业和信息化部 中国工程院关于加快建设发展新工科实施卓越工程师教育培养计划 2.0 的意见》（教高〔2018〕3 号）正式启动"卓越工程师教育培养计划 2.0"，并具体提出了如下目标和举措。

（1）提出了未来 5 年的目标。"卓越工程师教育培养计划 2.0"提出要建设一批新型高水平理工科大学、多主体共建的产业学院和未来技术学院、产业急需的新兴工科专业、体现产业和技术最新发展的新课程等，培养一批工程实践能力强的高水平专业教师，形成中国特色、世界一流的工程教育体系③。

---

① 教育部高教司."新工科"建设复旦共识 [EB/OL]. [2020-08-07]. http://www.moe.gov.cn/s78/A08/moe_745/201702/t20170223_297122.html.
② 教育部高教司."新工科"建设行动路线（"天大行动"）[EB/OL]. [2020-08-07]. http://www.moe.gov.cn/s78/A08/moe_745/201704/t20170412_302427.html.
③ 教育部高教司，工业和信息化部，中国工程院.教育部 工业和信息化部 中国工程院关于加快建设发展新工科实施卓越工程师教育培养计划 2.0 的意见 [EB/OL]. [2020-08-07].http://www.moe.gov.cn/srcsite/A08/moe_742/s3860/201810/t20181017_351890.html.

（2）提出了改革任务和重点举措。"卓越工程师教育培养计划 2.0"提出了 8 项改革任务和重点举措①。① 深入开展新工科研究与实践。统筹考虑"新的工科专业、工科的新要求"，改造升级传统工科专业，发展新兴工科专业，主动布局未来战略必争领域人才培养。② 树立工程教育新理念。全面落实"学生中心、产出导向、持续改进"的先进理念，面向全体学生，关注学习成效，建设质量文化。③ 创新工程教育教学组织模式。推动学科交叉融合，促进理工结合、工工交叉、工文渗透，孕育产生交叉专业，推进跨院系、跨学科、跨专业培养工程人才。④ 完善多主体协同育人机制。推进产教融合、校企合作的机制创新，深化产学研合作办学、合作育人、合作就业、合作发展。⑤ 强化工科教师工程实践能力。建立高校工科教师工程实践能力标准体系，把行业背景和实践经历作为教师考核和评价的重要内容。⑥ 健全创新创业教育体系。推动创新创业教育与专业教育紧密结合，注重培养工科学生设计思维、工程思维、批判性思维和数字化思维。⑦ 深化工程教育国际交流与合作。积极引进国外优质工程教育资源，组织学生参与国际交流、到海外企业实习，拓展学生的国际视野，提升学生全球就业能力。⑧ 构建工程教育质量保障体系。建立健全工科专业类教学质量国家标准、卓越工程师教育培养计划培养标准和新工科专业质量标准。

2.2.3 未来技术学院

2020 年，教育部办公厅印发《未来技术学院建设指南（试行）》（教高厅函〔2020〕6 号），提出在专业学科综合、整体实力强的部分高校建设一批未来技术学院，探索专业学科实质性复合交叉合作规律，探索未来科技创新领军人才培养新模式，打造能够引领未来科技发展和有效培养复合型、创新性人才的教学科研高地②。可见，未来技术学院是培养高层次

① 教育部，工业和信息化部，中国工程院. 教育部 工业和信息部 中国工程院关于加快建设发展新工科实施卓越工程师教育培养计划 2.0 的意见 [EB/OL]. [2020－08－07]. http：//www.moe.gov.cn/srcsite/A08/moe_742/s3860/201810/t20181017_351890.html.

② 教育部办公厅. 教育部办公厅关于印发《未来技术学院建设指南（试行）》的通知 [EB/OL]. [2020－08－07]. http：//www.moe.gov.cn/srcsite/A08/moe_742/s3860/202005/t20200520_456664.html.

工程科技人才的重要路径。该指南在人才培养方面重点提出了如下建议①。

（1）创新人才培养模式。一是探索形成以科技前沿技术为驱动的面向未来技术的人才培养新模式；二是完善导师制和学分制；三是积极探索"本硕博"贯通培养机制；四是构建包含研讨课、案例分析课、科技前沿课的研究型课程体系；五是创新学业考核评价机制，提升学业挑战度、延展学业深度；六是重视学生的全面成长，丰富学生知识领域；七是强化现代信息技术与教育教学深度融合。

（2）革新教学组织形式。突破传统教学组织形式和时空限制，坚持问题导向、目标导向，面向未来技术的人才培养，创新教学组织形式。一是搭建多学科交叉融合的科学猜想平台，激励学生提出新的科学猜想，尝试解决已有的科学猜想、揭示新的科学事实和预见新的科学规律；二是依托重大科研项目、重点平台，瞄准未来技术发展，探索基于项目的动态教学组织形态。

（3）汇聚各方资源。一是引入行业领军企业最优质资源，面向未来技术发展需求，将前沿科学技术有机融入人才培养全过程；二是鼓励未来技术学院建设高校之间积极开展交流合作，实现人才培养经验的实时共享；三是构建开放式创新人才协同培养大平台，发挥人才培养溢出效应。

2.2.4　现代产业学院

2020 年，教育部办公厅、工业和信息化部办公厅联合发布《现代产业学院建设指南（试行）》（教高厅函〔2020〕16 号），提出以区域产业发展急需为牵引，面向行业特色鲜明、与产业联系紧密的高校，建设若干高校与地方政府、行业企业等多主体共建共管共享的现代产业学院，造就大批产业需要的高素质应用型、复合型、创新型人才，为提高产业竞争力和汇聚发展新动能提供人才支持和智力支撑。并提出了具体的建设任务。②

---

① 教育部办公厅. 教育部办公厅关于印发《未来技术学院建设指南（试行）》的通知［EB/OL］.［2020 - 08 - 07］. http：//www. moe. gov. cn/srcsite/A08/moe_742/s3860/202005/t20200520_456664. html.

② 教育部办公厅，工业和信息化部办公厅. 教育部办公厅 工业和信息化部办公厅关于印发《现代产业学院建设指南（试行）》的通知［EB/OL］.［2020 - 08 - 07］. http：//www. gov. cn/zhengce/zhengceku/2020 - 08/28/content_5538105. htm.

（1）创新人才培养模式。一是面向产业转型发展和区域经济社会需求，深化产教深度融合、校企合作培养模式；二是革新课程体系，探索构建符合人才培养定位的课程新体系和专业建设新标准；三是推进"引企入教"，促进课程内容、教学过程、人才培养质量与企业相衔接、相融合；四是协调推进多主体之间开放合作，探索多方协同育人的应用型人才培养模式。

（2）提升专业建设质量。一是深化专业内涵建设，主动调整专业结构，着力打造特色优势专业，推动专业集群式发展；二是紧密对接产业链，实现多专业交叉复合；三是依据行业和产业发展前沿趋势，推动建设一批应用型本科新专业；四是推进与企业的合作，引入行业标准和企业资源。

（3）开发校企合作课程。一是引导行业企业深度参与教材编制和课程建设，设计课程体系、优化课程结构；二是加快课程教学内容迭代，推动课程内容与产业需求科学对接，建设一批高质量校企合作课程、教材和工程案例集；三是以行业企业技术革新项目为依托，把行业企业的真实项目、产品设计等作为毕业设计和课程设计等实践环节的选题来源；四是依据专业特点，使用真实生产线等环境开展浸润式实景、实操、实地教学，着力提升学生的实践动手能力。

（4）打造实习实训基地。一是构建基于产业发展和创新需求的实践教学和实训实习环境；二是统筹各类实践教学资源，构建功能集约、开放共享、高效运行的专业类或跨专业类实践教学平台；三是通过引进企业研发平台、生产基地，建设一批兼具生产、教学、研发、创新创业功能的校企一体、产学研用协同的大型实验、实训实习基地。

（5）建设高水平教师队伍。一是依托现代产业学院，探索校企人才双向流动机制；二是探索实施产业教师（导师）特设岗位计划，完善产业兼职教师引进、认证与使用机制；三是加强教师培训，共建一批教师企业实践岗位；四是开展校企导师联合授课、联合指导，打造高水平教学团队。

（6）搭建产学研服务平台。一是鼓励高校和企业整合双方资源，建设联合实验室（研发中心），直接服务区域经济社会发展；二是强化校企联合开展技术攻关、产品研发、成果转化、项目孵化等工作，共同完成教学科研任务，共享研究成果；三是大力推动科教融合，将研究成果及时引入教学过程。

2.3 国内外工程教育新趋势总结

2.3.1 适应新技术、新经济，调整学科专业

新工业革命的不断深入产生了新的技术，如人工智能、大数据、物联网、云计算等，同时新技术赋能于传统行业，催生了新经济、新业态。新技术和新产业对人才的需求要求高校调整学科专业结构，以培养适应性的人才。从国内外工程教育的趋势来看，高校都普遍增加了计算机、新材料、生物医药等专业的招生人数，并且新增了人工智能、大数据、智能科学技术与工程等专业，以适应未来产业对人才的需求。

2.3.2 强调跨学科专业教育

现代工程的复杂性决定了工程问题的解决需要多学科知识的综合和应用，并且对现代工程师综合能力的要求也决定了工程师要具备多学科的知识和跨学科解决问题的能力。从国外工程教育来看，其一直比较重视跨学科工程人才的培养，并从专业设置、课程设计、培养模式、资源保障等方面给予保证。我国自提出新工科建设以来，就将跨界整合能力作为新工科人才培养的重要目标，强调理工交叉、工工交叉的新工科建设路径，推动学科交叉人才培养。

2.3.3 将新技术融入传统工科知识结构

新的技术和社会需求始终深刻影响着工程教育的变革。当前以数字化、智能化为主题的新工业革命将对传统的工程教育产生重要的影响，并推动工程教育的持续改革。MIT 的 NEET 计划就是在这种背景下提出的，其核心是面对未来新机器和新工程体系打造新的工程教育系统，将新技术赋能于传统专业，打破学科隔阂，培养引领未来工程的人才。我国的新工

科建设也强调要考虑"工科的新要求",并开始注重数字化、人工智能等技术与传统工科的结合,促进传统工科专业的改造升级。

2.3.4　重视工程伦理和人文素养的培养

工程是一项综合性的活动,不仅要考虑工程本身的技术问题,同时还要考虑工程对自然环境的影响、对人类生产生活的影响。在日益强调可持续发展和人们对工程产品要求不断提高的背景下,工程师的工程伦理和人文素养的培养亟待强化。当前,国内外的工程教育专业认证标准中都将认识工程与自然、社会的关系,重视环境保护,增强工程师的责任意识,重视工程的人文关怀等作为重要的培养准则。

2.3.5　项目式课程成为课程教学的重要方式

课程教学仍然是工程教育的主阵地,课程教学的改革和创新一直是工程教育的重要关注点。在培养学生综合能力、实践能力、解决复杂工程问题能力的背景下,项目式课程逐渐成为课程教学改革的重要方式。无论是国外,如 MIT 提出的项目课程群,还是国内,如天津大学提出的项目课程,都旨在为学生创造综合运用专业知识解决工程问题的教育环境,以项目为牵引帮助学生实现从知识积累向知识应用的转变。

2.3.6　加强产教深度融合

产业的参与是打造工程教育生态系统的重要组成部分,培养符合产业发展的工程人才需要产业的深度参与,这已经成为当前工程教育的重要共识。特别是在新技术不断涌现、产业结构不断调整的背景下,产教融合对工程人才的培养更具有重要意义。在新工科建设中特别强调了社会力量的参与,应打造共商、共建、共享的工程教育责任共同体,通过深度的校企合作促进人才培养与产业需求的紧密结合。

3 我国流程工业发展现状与趋势

　　培养适应和引领未来产业发展的工程科技人才是工程教育的重要目标，因此，了解产业发展的现状、研判其未来发展趋势是制定人才培养发展战略的关键前提。本章基于国内知名流程工业领域专家的研究及本书课题组调研内容，介绍了我国流程工业发展的现状、存在的问题，并分析了流程工业未来发展趋势。

3.1 我国流程工业发展现状

3.1.1 流程工业概述

　　流程工业是制造业的重要组成部分，是一种"以资源和可回收资源为原料，通过包括物理化学反应的气液固多相共存的连续化复杂生产全流程，为下游离散型制造业提供原材料和能源的工业"[①]，包括石化、化工、钢铁、有色金属、建材、生物医药、晶圆制造等行业。2019年，流程制造业总产值占全国规模以上工业企业总产值的51.98%，石化和化工行业主营业务收入占全国规模以上工业企业主营业务收入的11.6%、利润占10.8%[②]。可见流程工业是国民经济和社会发展的重要支柱产业，是我国经济持续增长的重要支撑力量。

　　经过几十年的发展，我国流程工业经历了技术与装备引进、消化吸收、

---

　　① 柴天佑，丁进良. 流程工业智能优化制造［J］. 中国工程科学，2018（20）：51－58.

　　② 钱锋. 新时代我国流程工业工程科技人才培养发展战略研究［R］. 上海，2020.

自主创新等几个阶段,目前在生产工艺、装备和自动化水平等方面都有了较大幅度的提升,产业规模和整体实力增长迅速[1]。目前,我国生铁、粗钢、氧化铝、水泥等产量位居世界第一,石化和化工行业总产值位居世界第一,已经是世界上门类最齐全、规模最庞大的流程工业第一制造大国[2]。

制造业分为离散工业与流程工业,两者存在显著的差异。离散工业为物理加工过程,有比较明确的生产阶段,容易实现生产过程的数字化,产成品可以单件计算,比较方便实现个性化需求和柔性化制造[1]。流程工业的产品生产是一个连续变化的过程,生产运行模式特点突出,例如,原料变化大、难以控制,生产过程涉及各类物理和化学反应,生产机理复杂,甚至有些生产机理尚不清楚,生产过程连续,长时间不能停顿,任何一个生产过程出现问题都会影响整个产品的生产,原材料成分、设备状态、产品质量等难以全面数字化或进行实时监测等[3]。离散工业与流程工业的区别如图 3-1 所示。

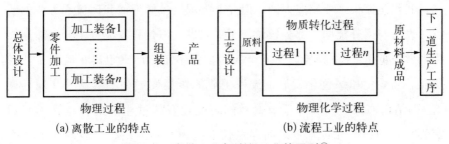

图 3-1 离散工业与流程工业的区别[4]

流程工业具有以下共性特点[5]:① 以矿石、石油、水等自然资源为生产原材料;② 生产过程涉及物理和化学变化,进而将原材料转化成人类所需产品;③ 生产过程为串联或并联作业,通过协同工作,实现连续生

① 中国电子技术标准化研究院,深圳华制智能制造技术有限公司,东北大学. 流程型智能制造白皮书 [R]. 北京,2019.
② 钱锋. 新时代我国流程工业工程科技人才培养发展战略研究 [R]. 上海,2020.
③ 柴天佑,丁进良. 流程工业智能优化制造 [J]. 中国工程科学,2018 (20):51-58.
④ 柴天佑. 制造流程智能化对人工智能的挑战 [J]. 中国科学基金,2018 (3):251-256.
⑤ 樊炯明,胡山鹰,陈定江,等. 流程制造业本质性分析 [J]. 中国工程科学,2017 (19):80-88.

产；④ 生产过程存在大量的物质流和能量流的输入和输出；⑤ 人们通过获取生产过程信息，并进行工艺参数调整等来实现生产过程控制；⑥ 流程工业注重规模生产，规模效应能够提高生产效率，降低生产成本。流程制造业生产流程概念示意图如图 3-2 所示。

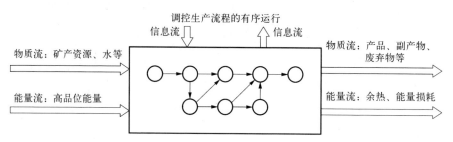

图 3-2 流程制造业生产流程概念示意图①

3.1.2 我国流程工业发展存在的问题

我国是流程工业制造大国，但并非强国。虽然当前我国流程工业的装置、设备与国外类同，部分领域甚至更先进，但是我国流程工业仍然存在生产效率低、能耗/物耗高、安全问题多等不足，严重阻碍了流程工业智能化、高效化和绿色化发展，流程工业的转型发展刻不容缓。从问卷调查②的结果（图 3-3）来看，高校和企业均有超过 40% 的样本认为我国流程工业与国际先进水平之间存在较大差距，认为差距一般的比例也都超过了 40%，总体上说明我国流程工业与国际先进水平之间存在一定的差距。

3.1.2.1 优质资源日渐枯竭，自然资源开发难度加大

一方面，我国矿产、油气等资源本身比较复杂，资源禀赋相对较差，优质资源也较少，随着优质资源的枯竭，资源开发转向"低品位、难处理、多组分共伴生复杂矿为主"的自然资源；另一方面，在现有的技术水平下，未来资源的开发将面临难度加大、资源综合利用率降低、能耗增

① 樊炯明，胡山鹰，陈定江，等. 流程制造业本质性分析 [J]. 中国工程科学，2017 (19)：80-88.
② 问卷调查概况见本书 4.2.1 小节。

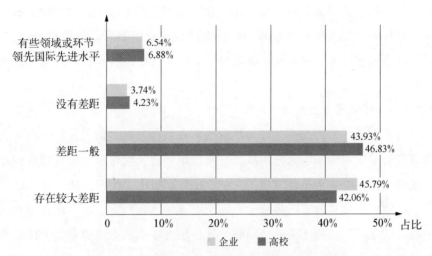

图 3-3　我国流程工业与国际先进水平的差距

多、流程加长、生产成本增高、环境污染增大等问题，亟待通过生产装备和工艺水平的改进和提升来改善自然资源的开发和利用水平。①

3.1.2.2　安全问题日益突出

近年来，我国流程工业安全事故频发。例如，响水"3·21"化工厂爆炸事故，天津港"8·12"火灾和爆炸事故，青岛"11·2"原油泄漏和爆炸事故，温岭"6·13"槽罐车爆炸事故等，均造成了严重的人员伤亡、经济损失和环境破坏，也对流程工业的发展产生了负面效应。以化学品为例，经过几十年的发展，我国已经成为最大的化学品生产国和消费国，应急管理部化学品登记中心发布的统计报告显示，2017年，我国生产和消费的普通化学品超过7万种，其中危险化学品3 962种。国家安全生产监督管理总局报告称，我国危险化学品相关企业超过30万家，从业人员超过100万人，管道长度超过12万千米。这些化学品，尤其是危险化学品虽然使国内生产总值迅速提升，但也导致了环境保护和公共安全等相关问题日益严重。② 特别是随着生产规模和技术水平的不断提高，生产

①　柴天佑，丁进良．流程工业智能优化制造 [J]．中国工程科学，2018 (20)：51-58.
②　毛帅，王冰，唐漾，等．人工智能在过程工业绿色制造中的机遇与挑战 [J]．Engineering，2019 (6)：995-1002，1103-1111.

设备和装置将变得更加自动化、连续化、大型化和复杂化，随之而来的是生产过程中需要处理和存放的危险品规模也将越来越大，一旦出现问题，就有可能造成重大事故，从而给人员、财产、社会运行和自然环境带来较大的伤害[①]。

3.1.2.3 环保压力日益增大

随着生活水平的提高，环境质量受到人们越来越多的关注，环境恶化将对高质量生活带来巨大的挑战。公众意识的转变促使政府放弃粗放的经济发展模式，追求可持续发展。[②] 与离散工业相比，流程工业在废水、废气、固体废弃物排放方面体量大、污染重，加之流程工业在我国国民经济中所占的规模，流程工业整体面临的环保压力不断增大，迫切需要降低能源消耗和过程排放。

3.1.2.4 数字化、智能化水平亟待提高

当前，我国流程工业在信息流、资金流、物质流、能量流等方面的数字化、智能化水平仍然不高，这是影响流程工业智能制造和转型升级的重要因素。从企业问卷（图3-4）来看，接近50%的样本认为我国流程工业基本实现或完全实现了数字化、智能化，其中在安全环保[③]、质量检验方面的数字化、智能化水平最高，在设备运维、智能控制、工艺优化方面的数字化、智能化水平较低，特别是在智能控制方面，认为完全没有实现和有差距的比例总和超过了20%，说明我国流程工业在利用数字化、智能化技术实现智能控制方面亟待改进和提升。

总体来看，我国流程工业主要有以下一些问题。① 在以信息流为主的信息感知与集成层面：物料属性和加工过程部分特殊参量无法快速获取，大数据、物联网和云计算等技术在物流轨迹监控，以及生产、管理和营销优化中的应用不够，各类实时信息的快速获取和信息系统集成有待提升。② 在以资金流为主的经营决策层面：供应链管理与装置运行特性关联

---

① 褚健. 流程工业智能工厂的未来发展 [J]. 科技导报，2018，36 (21)：23-29.

② 毛帅，王冰，唐漾，等. 人工智能在过程工业绿色制造中的机遇与挑战 [J]. Engineering，2019 (6)：995-1002，1103-1111.

③ "安全环保"等8个考察指标参考来源：中国电子技术标准化研究院，深圳华制智能制造技术有限公司，东北大学. 流程型智能制造白皮书 [R]. 北京，2019.

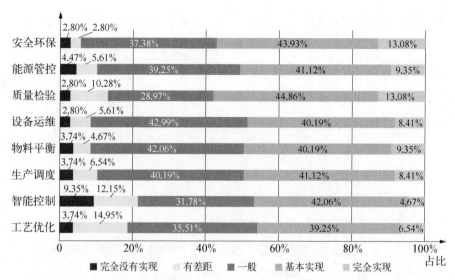

图 3-4 我国流程工业数字化、智能化现状（企业问卷）

度不高，产业链分布与市场需求不匹配，知识型工作自动化水平低，缺乏快速和主动响应市场变化的敏捷决策机制。③ 在以物质流为主的生产运行层面：物质转化机理与装置运行信息融合度不高，缺乏能够根据实际生产过程的动态实时运行数据进行全流程协调控制与优化的核心技术，面向高端制造的工艺流程和操作模式分析的认知能力不足，虚拟制造技术水平亟待提高。④ 在以能量流为主的能效安全与环境层面：能源综合利用技术有待发展，废水、废气、固体废弃物的全生命周期足迹缺乏跟踪和溯源，危险化学品缺乏信息化集成的流通轨迹监控与风险防范。①

具体来看，我国流程工业在数字化、智能化方面的问题主要体现在以下几个方面。

1. 基础数据采集困难

一方面，流程工业企业设备众多，包括罐类、塔类、阀门类、泵类、换热器类、透平机类、风机类、锅炉类、汽轮机类、管道类、仪表类、化验分析类等，当前对这些设备的管理基本靠人工和纸质台账进行管理②，

① 钱锋，桂卫华. 人工智能助力制造业优化升级 [J]. 中国科学基金，2018 (3)：257-261.
② 褚健. 流程工业智能工厂的未来发展 [J]. 科技导报，2018，36 (21)：23-29.

缺少基于大数据的系统性和实时性管理，对设备的长期稳定运行和安全管理带来较大的挑战；另一方面，流程工业在生产过程中会产生大量的实时动态数据，包括仪器仪表数据、生产实时状态数据、物料及能源的输入输出数据等，这些实时数据的采集是建设工业互联网、进行数字化模拟、实现智能化运行的基本前提，当前我国流程工业对这些基础数据的采集仍然存在较大的困难。

2. 数据类型不同，融合困难

从生命周期的角度来看，不同的阶段，如制造、储存和道路运输，都有各自的特性和专门的知识。在生产过程中，会产生不同类型的数据，如生产数据、管理数据、安全监控数据、环保监测数据、气象环境数据、原材料质量等[①]。但是，这些信息和数据来自不同的系统，其数据的采样率、格式和收集方法等都存在一定的差异，不同规格的数据很难集成到一个数据平台中使用，并且在不同的生命周期过程中收集的数据背后有不同的规程，将事实数据和知识集成到一致的系统中也是一项具有挑战性的工作[②]。这些都是当前流程工业企业在数据融合方面面临的共性问题。

3. 缺乏预警和风险跟踪系统

在流程工业中，有效的预警机制至关重要，从多数事故的发生来看，缺乏有效的预警机制是其中的关键因素。当前，多数流程工业的生产过程都依靠自动化系统实现，工艺参数的微小波动都有可能对全流程生产过程带来影响。当前对微小波动的监控主要依靠监控人员和操作人员凭借经验来完成，但是由于始终存在的人为因素和生产过程的复杂性，完全的动态监控还难以实现。未来的安全监控需要建立一个基于复杂过程的监控系统，能够实时监控生产过程中出现的微小异常情况，并提供可能的原因，描述可能产生的后果，这有赖于基于基础大数据的智能化系统，目前尚难实现。[②]

---

① 褚健，谭彰，杨明明. 基于工业操作系统的智能互联工厂建设探究 [J]. 计算机集成制造系统，2019 (12)：3026 - 3031.

② 毛帅，王冰，唐漾，等. 人工智能在过程工业绿色制造中的机遇与挑战 [J]. Engineering，2019 (6)：995 - 1002，1103 - 1111.

3.2　流程工业未来发展趋势

　　流程工业在我国国民经济中占有基础性的战略地位，产能高度集中，数字化和网络化基础较好，最有可能在新一代智能制造领域率先实现突破。[①] 新时代背景下，流程工业智能优化制造的发展目标是"在已有的物理制造系统基础上，充分融合大数据和人的知识，通过云计算、（移动）网络通信和人机交互的知识型工作自动化以及虚拟制造等现代信息技术和人工智能，从生产、管理以及营销全流程优化出发，推进以高端化、智能化、绿色化和安全化为目标的流程工业智能优化制造，不仅要实现制造过程的装备智能化，而且制造流程、操作方式、供应链管理、安环保障也实现自适应智能优化"。[②]

　　一方面，要在工程技术层面实现"四化"：① 数字化，结合过程机理，采用大数据技术建立企业的数字化工厂，实现虚拟制造；② 智能化，充分挖掘机理知识和专家知识，采用知识型工作自动化技术实现企业的智能生产和智慧决策；③ 网络化，依托物联网和（移动）互联网技术，发展基于信息物理系统（Cyber-Physical System，CPS）的智能装备，实现分布式网络化制造；④ 自动化，采用现代控制技术，实现自动感知信息，主动响应需求变化，进行自主控制。[②]

　　另一方面，要在企业运行层面实现"四化"：① 敏捷化，对市场变化做出快速反应，实现资源动态配置和企业的柔性生产；② 高效化，实现企业生产、管理和营销的全流程优化运行，构建实时动态化生产模式；③ 绿色化，对工业生产的环境足迹和危险化学品能实现全生命周期的监控，实现能源的综合利用和污染物的近零排放；④ 安全化，保证生产流程的本质安全和企业的信息安全，并通过故障诊断和自愈控制技术实现生

---

　　① "新一代人工智能引领下的智能制造研究"课题组.中国智能制造的发展路径 [J].中国经济报告，2019（2）：36 – 43.
　　② 钱锋，桂卫华.人工智能助力制造业优化升级 [J].中国科学基金，2018（3）：257 – 261.

产制造过程的安全运行。[1]

　　流程制造业生产过程智能化的本质是智能感知、优化控制和决策（图 3-5）。流程工业智能优化制造的关键是工艺设计的优化和生产全流程的全局优化。具体来看，流程工业工艺设计的优化包括：一是优化已有的生产工艺和生产流程，二是结合智能化技术产生新的生产工艺，以生产高性能、高附加值的产品[2]。生产全流程的全局优化是指实时跟踪全球原料变化和市场需求趋势，以流程工业高效化、绿色化发展为目标，从原料采购、经营决策、计划调度、工艺参数、生产全流程控制实现产品生产和企业管理的全局优化，从而实现企业综合生产指标的优化控制[2]。

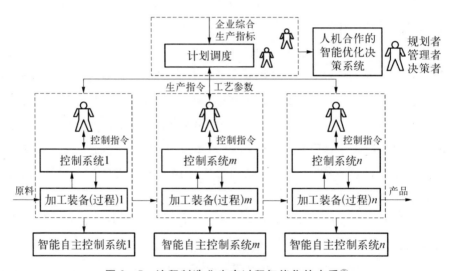

图 3-5　流程制造业生产过程智能化的本质[3]

　　从我国流程工业未来实现高质量发展的核心关键（图 3-6）来看，高校认为最重要的因素是利用人工智能技术，实现工艺设计的优化与生产

　　① 钱锋，桂卫华. 人工智能助力制造业优化升级 [J]. 中国科学基金，2018（3）：257-261.
　　② 柴天佑，丁进良. 流程工业智能优化制造 [J]. 中国工程科学，2018（20）：51-58.
　　③ 柴天佑. 制造流程智能化对人工智能的挑战 [J]. 中国科学基金，2018（3）：251-256.

全流程的全局优化；实现工业软件的国产化，自身掌握核心关键技术；培养流程工业传统专业与人工智能技术相结合的跨学科人才。企业认为最重要的是利用人工智能技术，实现工艺设计的优化与生产全流程的全局优化；使用工业互联网平台，形成流程制造的大数据集成；实现工业软件的国产化，自身掌握核心关键技术。可以看出，高校和企业对流程工业未来发展核心关键的认识具有一致性，但也存在一定的差异：高校将跨学科人才的培养作为重要因素之一，而企业则更加关注核心关键技术的突破与应用。

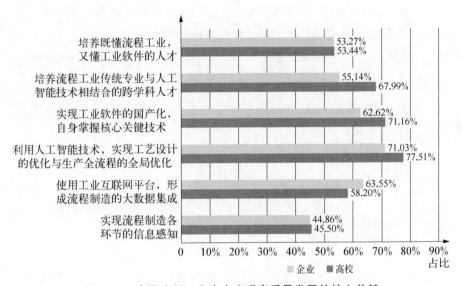

图 3-6　我国流程工业未来实现高质量发展的核心关键

4 我国流程工业工程科技人才培养的现状与问题

基于对国内流程工业企业和相关高校的实地调研和问卷调查，本章深入分析了当前我国流程工业工程科技人才培养的现状与问题。在人才培养质量方面，学生主动性学习能力、职业规划能力、跨学科整合能力、实践能力、批判性思维能力、沟通表达能力等偏弱；在学校培养方面，课程体系、课程教学、实验教学、实习实践、师资队伍、校企合作、毕业去向等方面都有待改进。

4.1 调研访谈结果

4.1.1 企业调研访谈

2019 年 4—10 月，本书课题组先后实地调研了中国宝武钢铁集团有限公司、中国铝业集团有限公司、鞍钢集团有限公司、浙江卫星石化股份有限公司、中国石油化工股份有限公司镇海炼化分公司、中国石油化工股份有限公司安庆分公司、中国石油化工股份有限公司金陵分公司等企业。访谈具体涉及了新时代背景下流程工业对人才的新要求、当前高校工科学生及其培养环节存在的不足等问题，从企业视角总结了当前人才培养中存在的若干问题。

4.1.1.1 跨界整合能力不足

企业普遍反映当前高校用于培养学生的绝大部分课程仅仅关注行业的基础信息和专业的基础知识，学生的知识体系局限于自己的专业之内，对专业外的其他知识知之甚少，更别说其他的知识体系，在我国流程工业专业知识本身狭窄的背景下，学生学习和接收到的知识就更"专"了，从现实反馈来看，这不利于学生在工作中的长期发展。此外，工科学生还普遍缺乏非技术性的知识，这对学生的长远发展也产生了不利影响，例如，有多位企业人员讲到，所招聘的学生缺少管理学知识、公文报告等写作技巧，以及一些基本的职场技能，虽然这些技能可以在进入职场后慢慢培养，但是从企业角度来看，还是希望学生在学校培养阶段就能够有所涉及。

4.1.1.2 实习实践能力偏弱

实习实践能力缺乏是当前企业对学生负面意见较大的方面。很多企业都反映在校期间到企业实习或见习的学生越来越少，到工地、公司、工厂进行实地锻炼的机会也偏少，而实际接触过化工等领域设备装置的就更少了，当前的实习或见习则多属于"走马观花"式的，无法了解企业设备和装置的运行乃至企业的整体运行情况。对于化工、石化等行业，如果没有在基本现场单独操作的经验，对生产装置不了解，在实际工作中就很难指挥现场作业，或开展进一步的基于问题的研究。

4.1.1.3 主动学习的动力不足

多数企业认为当前招聘的工科毕业生主动学习的动力不足。一方面体现在自学精神缺失。毕业生在进入职场之后会遇到很多之前没有碰到过的设备、程序以及各类工作场景，但是很少有学生会主动去学习并解决遇到的疑问，缺少自我学习的动机，更多的学生是将工作视为一份职业，而非一份事业。另一方面体现在向他人学习的动力不足。在化工行业，毕业生初入职场后，一般会从一线操作人员做起，在操作岗位上需要向师傅或周围同事学习，并且与技术人员沟通，钻研前沿技术，以此促进自己的成长，但是在现实中，毕业生向他人主动学习的动力、意愿都不足，更缺少在一线刻苦工作学习的动力。

4.1.1.4 人工智能技术和知识储备不足

企业普遍认为，在新一轮科技革命和产业变革的背景下，任何一个行业，从其长远来看，人工智能、信息化、数字化都会是未来发展趋势，但是现有的设施和系统、人员都恐怕难以应对，现实生产与理想化的信息化生产之间还存在较大的差距。目前高校培养的专业人才普遍缺乏人工智能相关技术和知识，较难在未来的发展中做好专业和人工智能技术的结合，这需要高校在未来的培养方案和环节中增加人工智能技术与专业结合的课程和培养模块等。

4.1.2　高校调研访谈

2019—2020 年，本书课题组在所在高校召开了多次教师和学生座谈会，单独对数十位教师进行了访谈，参与座谈会的教师和学生共计近 100 人次，并采用简单问卷辅助调研访谈。调研访谈和问卷调查内容涉及当前高校工科人才存在的问题，以及形成这些问题的高校培养环节方面的因素。

4.1.2.1　当前工科人才存在的不足

1. 自我认识和规划能力欠缺

从对学生的访谈以及教师对学生的认识中可以发现，目前学生对自我的认识不足，更缺少对人生和职业的规划。很多学生坦言并不清楚选择当前所学专业的原因，同样不知道自己感兴趣的专业是什么，因此在专业选择上有较大的盲目性，这样就增加了入学后转专业的比例。进入大学学习阶段后，由于缺少对自我的认识，很少有学生对大学四年以及未来人生有清晰的规划，学习更多是为了获得高的绩点、拿奖学金或者获取深造的机会，而不是出于对专业的兴趣。总体来说，由于学生缺少对自我的认识，其学习缺乏持久的动力，大学学习产生的成效并不能长久有益于其未来的人生发展。

2. 国际化与跨文化交流能力有待加强

面向新时代，随着"一带一路"倡议的深入推进，学生的国际化和跨文化交流日益频繁，国家之间不同领域的合作需要大力培养国际化人才，这也是整个时代和整个社会对教育的要求。对标新工科人才的培养要求，当前工科学生的国际化与跨文化交流水平仍然不足。从学生层面来看，学校提供的国际化会议、相关学术和文化交流活动仍然偏少，学生能够真正参与的交流合作机会更少，出国交流学习的资源不多，使得学生的国际视野比较狭窄，英语应用能力也不强。

3. 沟通与表达能力不足

从对教师的访谈中可以发现，多数教师都提到了学生的沟通与表达能力不能令人满意。无论是课堂提问、回答，还是课后的实验指导、创新创业训练计划指导等方面，学生都缺少主动跟教师沟通的意识，也缺少与团队成员的合作沟通能力，而这对于工程来说非常重要，因为工程是一项综合性的工作，只有各司其职，相互沟通协作，才能完成一个工程。此外，除了缺少口头表达能力之外，学生还普遍缺乏书面表达能力，在基本的公文写作、邮件礼貌用语、学术论文写作等方面都表现不佳。

4. 批判性思维、独立学习能力有待加强

批判性思维，或者说质疑精神是开展创新性学习和工作的重要品质，对于培养学生的创新精神和研究能力，训练和养成独立学习的能力至关重要。但从对教师的访谈中可以发现，多数教师认为学生缺少批判性思维，对于教师上课的内容"全盘接收"，缺少质疑精神，很少有学生在课堂上或课后对教师的教学内容提出不同的看法，更不用说给出自己的见解。这在很大程度上影响了学生独立学习能力的培养，在处理问题的时候，很多情况下都想依赖于已有的或"成熟"的答案，缺少自己独立求解的动力和技能。

4.1.2.2 高校工科人才培养存在的问题

1. 课程体系不能完全满足新工科人才培养要求

新工科为新工业输送人才、为未来培养人才。新工科与新经济、新科技紧密联系，新经济又与互联网、信息化、人工智能、大数据紧密联系，但是高校目前的课程体系尚不能完全满足新工科人才的培养要求。从学生层面来看，学科交叉课程略显不足，传统专业课程内容更新不够及时。这主要表现在交叉课程缺乏，课程文理交融和新科技的交叉内容较少，学生可以选修的高质量复合性课程较少，同时传统专业课程体系更新慢，不能适应新时代的要求。从教师层面来看，学校教师对新工科的认识有待加强。以本书课题组所在高校为例，教师听说过"新工科"的比例为65%（图4-1）。部分教师认为学

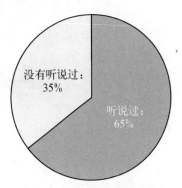

图4-1 教师是否听说过"新工科"的比例

校在对院校层面开展跨学科教学、建设基层教学组织、为学生开放不同专业课选课权限等方面的重视程度有待加强。

2. 教学内容和教学方法不能适应时代要求

新工科强调应对变化和塑造未来，需要继承与创新、交叉与融合、协助与共享，没有统一的建设模式，但与传统的工科人才相比，未来新兴产业和新经济所需的新工科人才需要具备更强的实践能力和良好的工程背景，而传统的工程实践教学模式已不能适应新工科背景下工程实践教学的需要，亟须深化改革。但是目前，学校部分课程内容脱离实际，缺乏对学生创新和实践能力的培养；个别教师所用教材和教学内容比较陈旧，教学方法过于传统，无法调动学生的学习热情和学习动力。此外，在教师层面，学校缺乏具有工程实践经验的教师，青年教师教学与科研能力的培训较少，特别是对教学能力与水平提升的支持不够，青年工科教师的工程化能力不足，企业实践锻炼机会少，工程实践能力偏弱，难以满足当前的需要。在所在高校的问卷调查中，教师和学生都认为课堂教学在采用新工科所倡导的互动式、小组讨论式等教学方式上有所欠缺，得分普遍偏低（图4-2），说明当前的课堂教学方式还不能适应培养学生综合能力的需求。

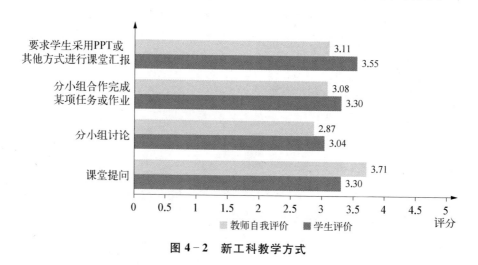

图4-2 新工科教学方式

3. 实习实践难以满足工程应用型人才培养需求

当前的实习实践运行体系还不足以支撑高质量工程化人才的培养，主要表现在以下方面：存在部分专业毕业实习流于形式的现象，且实习与所学的知识脱节；校友和行业专家较少进校讲授专业和行业发展的前景等相关内容；对学生未来职业规划的指导不足；创新创业教育的课程和资源有待进一步加强，创新创业导师人才仍然不够；等等。同时，实习实践基地常常未能实现深度的校企合作、产教融合，不能对区域和产业发展以及高质量应用型人才的培养发挥较好的支撑作用。在课程考核中，新工科建设要求加强课堂教学的过程性评价，但从所在高校课程考核依据来看，教师的课程考核仍然以出勤、课后作业、期末考试或论文为主，采用课堂问答、分组任务、课堂汇报、阶段性测试等过程性考核方式较少（图4-3）。考核评价方式作为课程教学的"指挥棒"，对教学具有直接影响，其偏重理论考试的考核而忽视实际应用能力的提升，对新工科人才的培养产生了一定的限制。

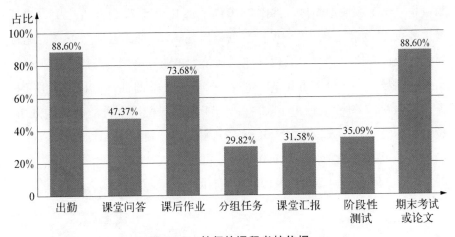

图4-3 教师的课程考核依据

4. 人才培养支撑和保障条件需要进一步改善

此外，学校在人才培养的保障条件上，还需要进一步完善，例如，学生开展跨学科创新实践活动的支持条件有限，学校层面缺少跨学科交叉实践平台和公共空间供学生开展创新实践活动；学生课后自主学习研讨的场所有限、氛围不浓；学生体育运动场所的开放时间有待优化等。

4.2 问卷调查结果

4.2.1 问卷调查概况

在国内外工程教育趋势分析、流程工业现状分析、高校访谈及企业调研、案例资料初步收集分析的基础上，本书设计了针对流程工业相关专业高校教师和流程工业企业的调查问卷，于 2020 年 8 月正式发放电子问卷，并对回收的有效问卷进行了分析，为进一步了解我国当前流程工业工程科技人才培养现状与问题提供了实证数据。

高校问卷共回收有效问卷 378 份。其中，来自一流大学建设高校的问卷 99 份，占比 26.19%；来自一流学科建设高校的问卷 165 份，占比 43.65%；来自其他高校的问卷 114 份，占比 30.16%。样本教师所属专业领域中，化工领域 106 份，占比 28.04%；石化领域 72 份，占比 19.05%；钢铁领域 47 份，占比 12.43%；有色金属领域 27 份，占比 7.14%；建材领域 7 份，占比 1.85%；其他（包括通信、工业互联网等与流程工业较为相关的领域）119 份，占比 31.48%。在样本教师的性别方面，男性 247 人，占比 65.34%；女性 131 人，占比 34.66%。在样本教师的职称方面，教授、研究员 90 人，占比 23.81%；副教授、副研究员 160 人，占比 42.33%；讲师、助理研究员 101 人，占比 26.72%；其他 27 人，占比 7.14%。具体数据如图 4-4~图 4-7 所示。

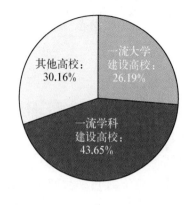

图 4-4 样本教师所属高校性质

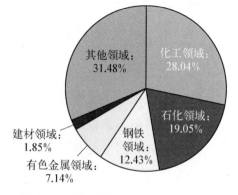

图 4-5 样本教师专业所属专业领域

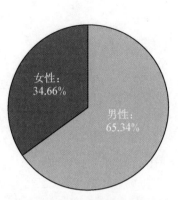

图 4-6 样本教师性别比例

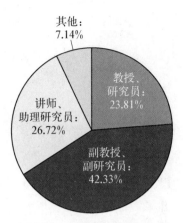

图 4-7 样本教师职称分布

企业问卷共回收有效问卷 107 份。其中，来自中央企业的问卷 17 份，占比 15.89%；来自国有企业的问卷 33 份，占比 30.84%；来自民营企业的问卷 35 份，占比 32.71%；来自三资企业的问卷 6 份，占比 5.61%；来自跨国公司的问卷 13 份，占比 12.15%；来自其他企业的问卷 3 份，占比 2.80%。在企业规模方面，超过 1 000 人的企业占比 51.40%，300 人以下的企业占比 30.84%，300~1 000 人的企业占比 17.76%。在公司职位方面，公司高层 25 人，占比 23.36%；公司中层 34 人，占比 31.78%；公司基层 43 人，占比 40.19%；其他 5 人，占比 4.67%。在性别方面，参与调研的男性 82 人，占比 76.64%；女性 25 人，占比 23.36%。样本中，工作年限从 38 年到不满 1 年不等，平均工作年限为 15.12 年。具体数据如图 4-8~图 4-11 所示。

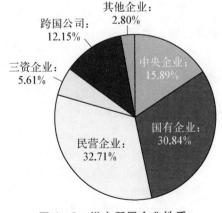

图 4-8 样本所属企业性质

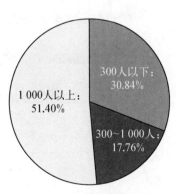

图 4-9 样本所属企业规模

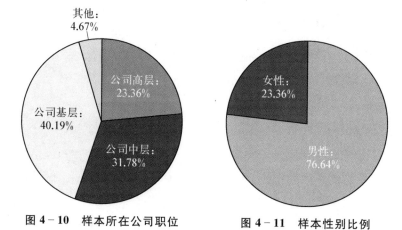

图 4-10 样本所在公司职位   图 4-11 样本性别比例

4.2.2 问卷数据分析

4.2.2.1 当前高校培养的人才满足企业需求的程度

从问卷调查中可以看出，有28%左右的企业人员和38%左右的高校教师认为当前高校培养的流程工业人才在数量上不能满足企业的需要（图4-12）。同样，有26%左右的企业人员和31%左右的高校教师认为当前培养的流程工业人才在质量上不能满足企业的需要（图4-13）。有23%左右的高校教师认为毕业生培养质量与培养方案设定的目标有一定的差距（图4-14）。

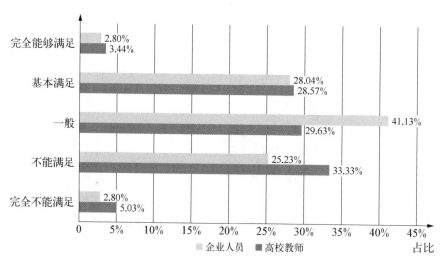

图 4-12 高校培养的流程工业人才满足企业数量需要的程度

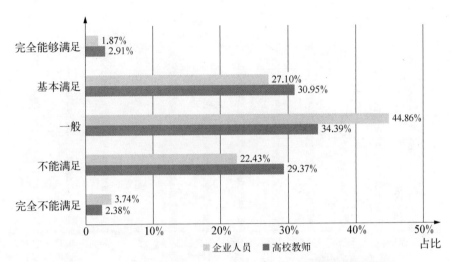

图 4-13 高校培养的流程工业人才满足企业质量需要的程度

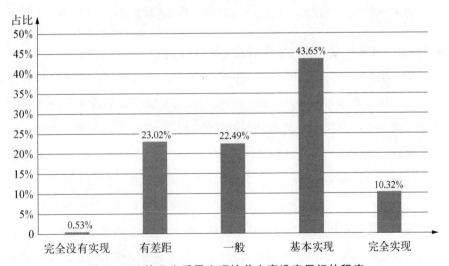

图 4-14 毕业生质量实现培养方案设定目标的程度

　　从图 4-15 可以看出，在针对高校流程工业人才培养实现"中国工程教育质量标准"的程度的判断方面，高校和企业对毕业生在 12 项标准上的评价均不高——没有一项超过 4 分，说明高校的人才培养在各个方面仍有较大的提升空间。并且，高校对人才培养质量的认同普遍高于企业，说明高校和企业对人才培养质量的认识存在一定的差异。

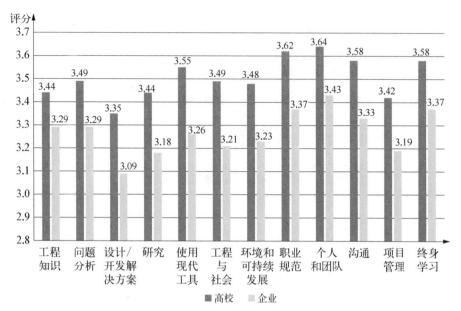

图 4-15 高校流程工业人才培养实现"中国工程教育质量标准"的程度

4.2.2.2 未来流程工业人才应该具备的能力

从未来流程工业人才应该具备的能力来看,企业和高校都认为比较重要的是系统工程思维与方法、跨学科整合能力、人工智能技术,而企业还认为比较重要的是工业软件设计与开发能力,高校还认为比较重要的是绿色工程技术(图 4-16)。以上这些能力要求正好反映了未来流程工业绿色化、高效化、智能化发展趋势对人才和技术的要求。在流程工业智能优化的趋势下,由于流程工业的流程设计和运行依赖于一体化的智能系统,系统工程思维与方法就显得尤为重要,跨学科整合能力体现了对流程工业专业知识和过程设备专业知识等的跨学科知识的要求,人工智能技术则是未来流程工业人才必须具备的核心技术和能力,此外,工业软件设计与开发能力是企业开发国产工业软件的需求,绿色工程技术是对流程工业绿色发展的要求。

4.2.2.3 当前流程工业工程科技人才培养存在的主要问题

总体来看,企业认为当前流程工业人才培养中存在的主要问题包括:学生实习实践的机会少、效果差,工程实践能力偏弱;专业知识更新慢,无法跟上科技和行业发展的需要;专业课程的设计和教学过于按照学科逻辑进行,较少

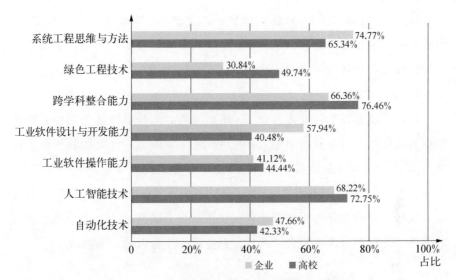

图 4 - 16　未来流程工业人才应该具备的能力

考虑工程项目的实施逻辑；专业知识面狭窄，缺乏解决实际工程问题的多学科知识储备（图 4 - 17）。可以看到，这些突出问题的共同特点是学校人才培养与产业需求之间存在脱节，在知识更新、课程设计、专业知识广泛度、实践能力方面缺少对产业实际的考虑，导致培养的人才难以满足产业的需求。

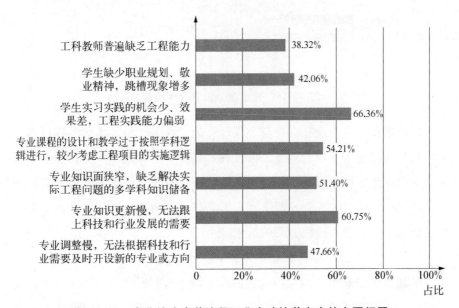

图 4 - 17　企业认为当前流程工业人才培养存在的主要问题

　　具体来看，调查问卷从课程设置、课堂教学、实验教学、实践实习、师资队伍、校企合作培养、毕业生就业去向等方面分析了当前我国流程工业工程科技人才培养存在的问题。

1. 课程设置

　　从各模块课程学分设置（图4-18）来看，多数教师认为当前各模块课程学分设置较为合理，但也有40.74%的教师认为工程实践和毕业设计学分偏少，35.45%的教师认为工程基础、专业基础和专业课程学分偏少，此外还有32.80%的教师认为人文社科类通识课程学分偏多。可以看到在当前本科人才培养既强调通识教育，又压缩学分的背景下，各个模块之间的课程学分设置呈现出较大的矛盾，有待进一步深入分析和解决。

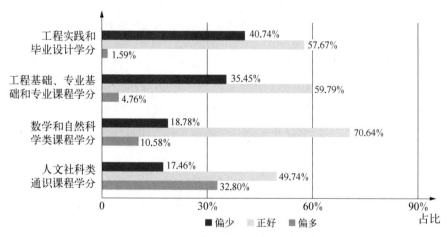

图4-18　课程学分设置合理程度

　　针对流程工业专业在绿色与环保、安全、数字化与智能化课程设置方面，从教师问卷中可以看到，多数流程工业专业在绿色与环保、安全、数字化与智能化方面开设了必修课、选修课或将相关知识融入专业课讲授中（图4-19），说明这几个方面作为未来流程工业的发展趋势，已经引起了高校的重视并开始了课程方面的探索。

　　但是，当前课程能否满足未来流程工业的需求？从图4-20可以看出，不到50%的教师认为当前设置的绿色与环保、安全、数字化与智能化课程可以满足未来流程工业的需求，认为数字化与智能化课程能够满足未

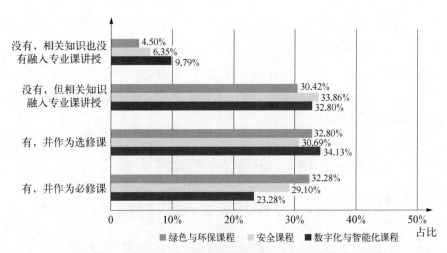

图 4-19 绿色与环保、安全、数字化与智能化课程开设情况

来流程工业需求的比例最低，只有约 38%，说明尽管这几个方面的发展趋势得到了高校的重视并设置了一定的课程，但是仍然不能满足流程工业的需求，其在课程的数量上有待增加，在课程的质量上也有待进一步提高。

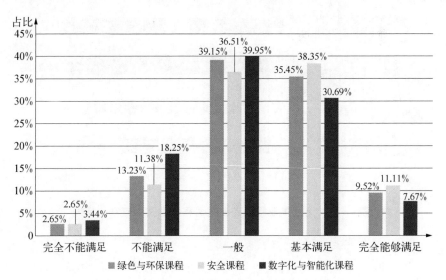

图 4-20 绿色与环保、安全、数字化与智能化
课程能否满足未来流程工业的需求

2. 课程教学

从教师问卷来看，在课程教学方面存在问题较大的包括：跨专业课程

少，专业课知识面狭窄，不利于学生跨学科能力的培养；课程内容更新慢，最新的研究成果不能及时融入教学中；课程体系调整慢，不能根据科技发展和产业需求及时调整课程体系（图 4 – 21）。可以看出，这几方面的突出问题与企业的认识相对一致，主要体现在专业知识面涉及程度、知识的更新速度等方面。

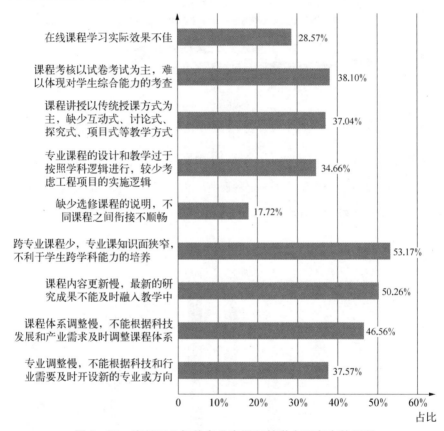

图 4 – 21　流程工业相关专业在课程教学方面存在的问题

3. 实验教学

从教师问卷来看，流程工业相关专业在实验教学方面存在的主要问题包括：实验课以验证性实验为主，缺少探索性、设计性、综合性实验；实验室场地有限，实验课外不能充分满足学生开展实验的需求；教学实验室实验设备有限，不能满足学生开展创新性实验的需要；实验课外，教学实验室开放时间受限，不能满足学生开展跨夜等长时间实验的需要；教师科研实验室愿意接纳学生进实验室，但是接纳容量有限（图4－22）。可以看到，实验教学中最大的问题是创新性实验少，并且学生在实验场地、时间、设备方面受限，需要在这几个方面集中改进。

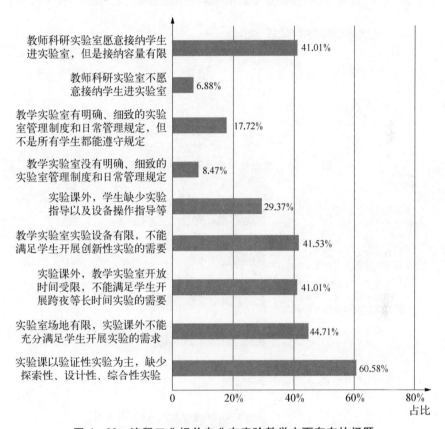

图4－22　流程工业相关专业在实验教学方面存在的问题

4. 实践实习

从企业接收学生毕业实习的意愿来看，多数企业有意愿接收毕业生实习（图4－23）。

对于企业不愿意接收学生毕业实习的原因，企业认为主要包括：学生毕业实习时间太短，学生学不到太多，也不能给企业带来一定效益，徒增了各种麻烦；流程工业对安全性要求高，在接收学生毕业实习上相对谨慎；学生留在实习企业工作的概率低，降低了企业期望通过提供实习机会揽才的积极性；学生不愿去流程工业一线工作，缺乏吃苦耐劳精神（图4－24）。

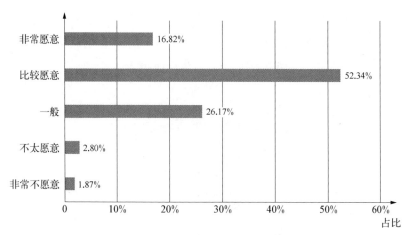

图 4-23 企业接收学生毕业实习的意愿

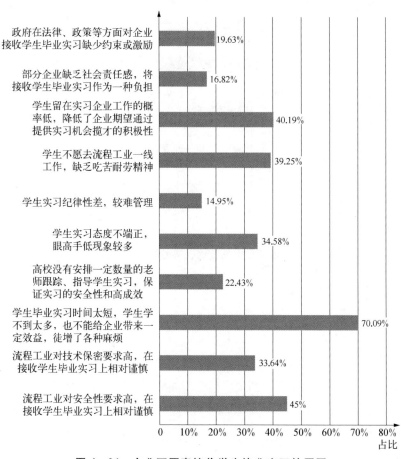

图 4-24 企业不愿意接收学生毕业实习的原因

　　高校教师认为，当前流程工业专业在实践实习方面存在的问题主要包括：认识实习以参观为主，学生不能深入了解设备运作、制造流程和企业管理等；毕业实习缺少实操训练、顶岗实习等，学生实践能力没有得到充分提升；找不到充足的企业资源为学生安排认识实习；流程工业对安全性要求高，相关企业不太愿意接收学生进行毕业实习（图4-25）。可以发现，实习实践的质量不高、效果不佳，以及流程工业企业实习资源少和自身安全性要求高是主要问题。

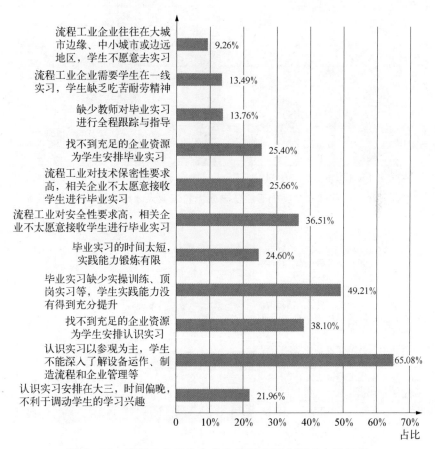

图 4-25　流程工业相关专业在实践实习方面存在的问题

5. 师资队伍

　　就师资队伍而言，企业认为当前高校教师完全能够胜任及基本能胜任未来流程工业人才培养的任务的比例不足50%（图4-26），其主要问题体现在教师缺少企业实践，教师解决工程实际问题的能力偏弱，传统工科教师对人工智能等新一代信息技术的了解和掌握有限，以及教师对流程工业现状了解不够等方面（图 4-27）。而高校教师认为师资队伍存在的主要问题体现在缺少对企业导师的激励机制，教师缺少企业实践，以及传统工科教师对人工智能等新一代信息技术的了解和掌握有限等方面（图 4-28）。

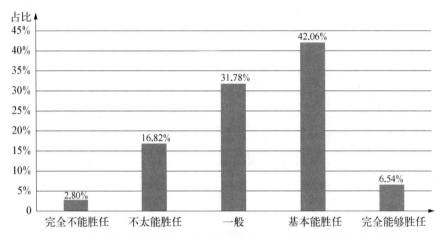

图 4-26　当前高校教师能否胜任未来流程工业人才培养的任务（企业）

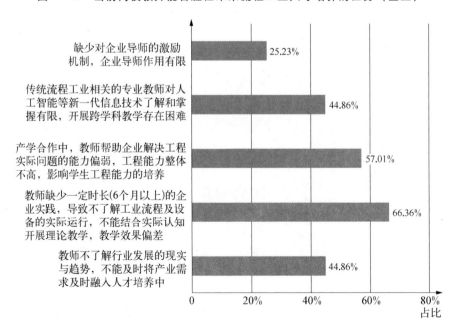

图 4-27　流程工业相关专业在师资队伍方面存在的问题（企业）

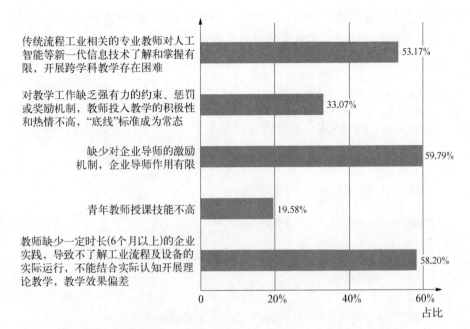

传统流程工业相关的专业教师对人工智能等新一代信息技术了解和掌握有限，开展跨学科教学存在困难　53.17%

对教学工作缺乏强有力的约束、惩罚或奖励机制，教师投入教学的积极性和热情不高，"底线"标准成为常态　33.07%

缺少对企业导师的激励机制，企业导师作用有限　59.79%

青年教师授课技能不高　19.58%

教师缺少一定时长(6个月以上)的企业实践，导致不了解工业流程及设备的实际运行，不能结合实际认知开展理论教学，教学效果偏差　58.20%

图 4 - 28　流程工业相关专业在师资队伍方面存在的问题（高校教师）

6. 校企合作培养

在校企合作培养方面，接收学生毕业实习是校企合作最多的方式，其他较多的方式依次是公司人员担任学生企业导师、与高校建立校企合作实践基地、公司高管或工程师为学生做讲座和报告（图 4 - 29）。对当前比较强调的参与相关专业培养方案修订、共同开设课程、共同编写教材等，与高校开展"订单式"人才培养，与高校开展"委培式"人才培养，以及参与教育部"产学合作协同育人"项目等方面的校企合作较少，说明校企合作的深度仍然不够。

就校企合作培养人才的作用而言，多数企业认为有提高，与预期基本一致，但是认为低于预期的比例仍有 42.99%（图 4 - 30），说明校企合作人才培养的效果还需进一步改进。

从校企合作培养人才的问题来看，高校教师认为比较突出的问题包括：企业参与人才培养的回报和收益少，企业积极性不高；政府在法律、政策等方面缺乏推动校企合作培养的约束、激励机制；企业参与人才培养

的能力不足，很少能提供建设性的建议和举措等；高校很少邀请企业深度
参与人才培养，包括培养方案修订、共同开设课程等（图4－31）。

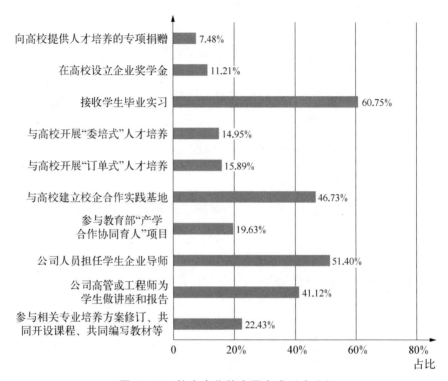

图4－29　校企合作的主要方式（企业）

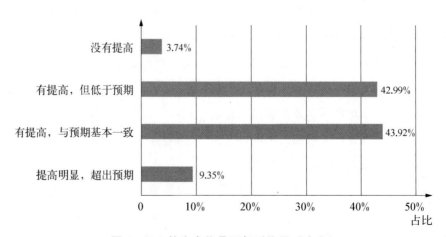

图4－30　校企合作是否起到作用（企业）

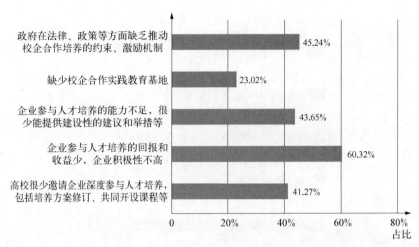

图 4-31　校企合作存在的问题（高校教师）

7. 毕业生就业去向

从教师问卷来看，所在专业 60% 以上的学生去流程工业相关领域就业的比例不到 20%，可以看出，多数学生毕业后并未选择在流程工业相关领域就业（图 4-32）。从其原因来看，企业和高校样本判断较为一致的原因包括：流程工业工作艰苦，流程工业工作环境较差，流程工业起薪低，流程工业危险性较高。原因中相差较大的是，企业认为毕业生会因为在一线培训、工作时间长而不选择流程工业，但认为是这一原因的高校教师比例较低，这可能是高校教师对流程工业一线缺少一定的实际认知造成的（图 4-33）。

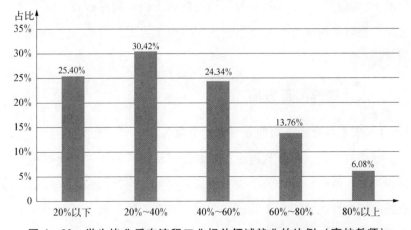

图 4-32　学生毕业后在流程工业相关领域就业的比例（高校教师）

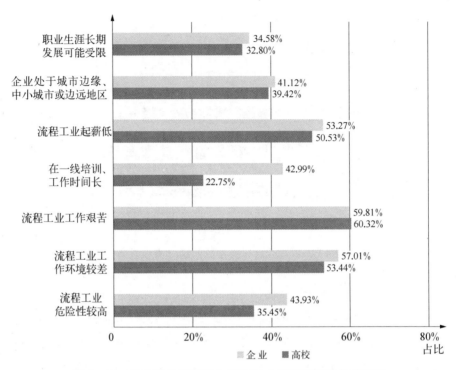

图 4-33　学生毕业后不进入流程工业相关领域就业的原因

4.3　现状与问题总结

基于对流程工业企业和相关高校的调研访谈、问卷调查，从人才培养质量和学校培养两个方面总结当前我国流程工业工程科技人才培养的现状与问题。

4.3.1　人才培养质量方面

4.3.1.1　学生主动学习和职业规划能力偏弱

企业普遍反馈，学生到岗工作后缺乏主动学习的意识，面对相对复杂的工程设备、流程、操作等缺少主动探索和解决问题的精神，也缺乏向他人请教的积极性，这不利于其自身的成长和事业的发展。此外，学生职业规划能力偏弱，进入学校后对未来就业和职业发展缺少清晰的规划和路径选择，参加工作后也缺乏对工作的正确预期和职业规划，不利于其长期的职业发展。

4.3.1.2 学生跨学科知识储备和跨界整合能力不足

在流程工业智能优化制造背景下，流程工业对其人才在人工智能方面的技术和知识提出了较高的要求，但是当前的培养方案显然滞后于产业界需求，在为学生提供人工智能相关课程和知识方面准备不足。此外，当前流程工业相关专业的专业知识过于狭窄，与其他相关学科的融合交叉有限，而学生对跨学科知识的跨界整合能力不足，难以应对流程工业跨学科解决复杂工程问题的实际需要。

4.3.1.3 学生实践能力偏弱

由于流程工业对安全性的要求较高，以及当前行业特色高校与行业之间关系的弱化，学生在校期间进入企业进行深度实习实践的机会越来越少，学生到企业顶岗实习、实际接触工程装置、了解流程运行的机会也偏少，实践能力锻炼有限。这一方面影响了学生对理论知识的深入掌握，另一方面也影响了学生对流程行业的了解，不利于其日后选择进入流程行业工作。

4.3.1.4 学生批判性思维、沟通与表达能力偏弱

从教师的访谈中可以发现，教师普遍反馈学生缺少批判性思维，对教师所讲的知识缺少质疑精神，较难对教师的授课内容提出不同的看法和自己的见解。而且，学生的沟通与表达能力偏弱，这体现在其不善于将自己的专业思考进行口头或书面表达，并且在通用性写作，如公文、邮件等方面表现不佳。

4.3.2 学校培养方面

4.3.2.1 课程体系有待调整

从课程模块设置来看，超过1/3的教师认为工程基础、专业基础和专业课程学分偏少，超过1/3的教师认为人文社科类通识课程学分偏多，但在当前培养方案强调通识教育和压缩学分的背景下，较难解决课程模块之间学分不合理的状况。

从当前流程工业专业在绿色与环保、安全、数字化与智能化课程设置来看，多数学校已经开设或在相关课程中融入了这些方面的教学，并引起了国内高校对未来流程工业发展趋势的关注。但是从满足产业界需求来看，不到50%的教师认为当前开设的课程或开展的教学能够满足产业界对流程工业人才在绿色与环保、安全、数字化与智能化方面的需求，说明相关的课程和知识还有待深化。

4.3.2.2　教学内容、方法亟待更新和创新

从问卷调查来看，当前流程工业专业课程知识更新较慢，有的知识和技术已经被产业界所淘汰，最新的科研成果却较难及时融入教学，教师更新教材和教学内容的主动性、积极性不高；当前跨学科课程偏少，学生的专业知识面狭窄，跨学科能力的培养明显不足；课堂教学方法缺少创新，新工科所倡导的互动式、讨论式、项目式、小组讨论等方法采用较少，学生的思辨、表达、合作等能力训练有限。

4.3.2.3　实验教学的挑战度有待增强

从问卷调查来看，当前实验教学存在的最大问题是实验课以验证性实验为主，缺少学生基于兴趣和探索的自主设计的实验，验证性实验在帮助学生巩固所学知识、增强认知、训练实验技能等方面起到了较好的作用，但是在培养学生设计思维和能力、创新精神、解决复杂问题能力等方面偏弱，有待通过增加综合性实验来提高实验教学的挑战度。除此之外，实验场地、设备、开放时间受限也给学生在课堂外开展实验带来了困难。

4.3.2.4　实践实习的有效性有待提高

从企业调查来看，多数企业有意愿接收毕业生实习。但是也可以看到，当前学生通过实习来提高实践能力的作用有限，实习的总体质量不高。从原因来看，一方面是流程工业本身安全性要求较高，难以给学生提供一线实践实习的机会，学生缺少实操训练和顶岗实习，实践能力很难得到提高；另一方面与学校安排的实习时间有关，当前本科生毕业实习较短，一般不会超过2个月，而流程工业企业的运行往往比较复杂，学生很难在如此短的时间内完成质量较高的实践，而且实习时间偏短也给企业为学生安排顶岗类的实习岗位带来困难，一般的实习岗位较难起到很好的实

践效果。

4.3.2.5 师资队伍有待提升

当前的师资队伍主要存在三个方面的问题：一是面对未来流程工业智能优化制造的发展趋势，传统的工科教师缺乏对人工智能等新技术的掌握，很难在教学中实现人工智能技术与传统工科的融合；二是工科教师缺少企业实践，实际解决工程问题的能力偏弱，很难将理论知识与产业实际问题融合；三是企业导师的作用发挥有限，需要进一步探索企业导师的职能边界，增强对企业导师的激励。

4.3.2.6 校企合作的深度有待加强

从当前校企合作采用的方式来看，主要以接收毕业生实习、建立实践基地等形式性合作为主，校企深度合作方式，如参与培养方案修订、课程体系设置、课堂教学，以及开展"委培式"培养、"订单式"培养等较少。从原因来看，主要是企业参与的回报少，导致其积极性不高，政府缺少有效的约束和激励机制，高校本身在校企合作培养上投入精力也有限，邀请企业参与人才培养的积极性也有待提高等。

4.3.2.7 毕业去向有待引导

从毕业去向来看，相关专业学生毕业后去流程工业领域就业的比例不高，流程工业工作条件艰苦、环境差、起薪低等是限制毕业生选择在流程工业就业的主要原因。但是，从国家发展来看，流程工业是国民经济的支柱产业，对国民经济和社会发展至关重要，需要吸纳优秀的人才工作。未来应在克服流程工业本身工作条件的基础上，通过更多的方式吸引毕业生进入流程工业相关行业就业。

5 流程工业工程科技人才
培养国内高校案例研究

本章选取了中国石油大学（北京）石油工程专业、北京科技大学冶金工程专业、北京化工大学化学工程专业、安徽工业大学冶金工程专业作为国内高校案例的研究对象，从人才培养的愿景、目标、改革举措等方面详细介绍了案例专业，总结了每个案例专业的特点，并提出了相关启示。

5.1 中国石油大学（北京）
石油工程专业

发端于中国第一所石油高等学府的中国石油大学（北京），凝结了北京大学、天津大学等多所著名高校的办学优势条件，以清华大学的石油工程系为依托，一直以培养国民经济基础——石油工业急需的专业人才为目标，逐渐发展成为一所行业特色鲜明的知名大学。良好的"政产学研"联合培养模式使该校广受赞誉。2002年，其石油与天然气工程被评选为国家重点学科，现已发展成国家在石油与天然气工程领域进行重大科技研究、创新人才培养的主要基地。近年来，石油与天然气工程学科深入贯彻学校"强优、拓新、入主流、求卓越"的学科建设指导思想，实施"国际化、特色化、人才强校"战略，经过"211工程""优势学科创新平台""攀登计划"等重点学科项目的长期建设，学科水平和实力不断攀升。

5.1.1 培养愿景

石油行业是技术密集型行业，从事石油行业的人才也要求具有较高的素质。随着石油行业的快速发展，不断涌现出对精深技能型人才、学科复合型人才、国际化人才的需求。面对行业市场的新需求，中国石油大学（北京）也积极进行人才培养模式创新，修订原有的人才培养目标。学校致力于培养一批兼具学术实践能力和国际视野的工程应用型人才和高水平创新型人才，以适应国家能源和科技发展的需求；学校的人才培养更加注重学生个性化发展和全面发展的有机结合，以满足新时代石油行业发展的需求；学校也充分发挥学科优势和科研优势，推动人才培养与科技创新的有机结合，为国家培养创新型人才。学校从学生知识获取、能力培养两个方面制定培养目标（图5-1），强调学生知识面的扩充，专业知识与通识知识并重，并注重培养学生的知识应用能力、实践能力、交流合作能力等，以形成良好的道德品质、国际视野与团队合作等综合素质。

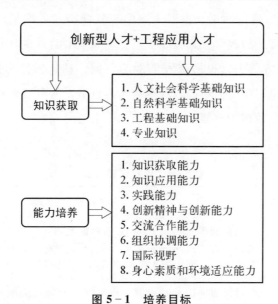

图5-1 培养目标

5.1.2 改革举措

5.1.2.1 建构开放多元的课程体系

中国石油大学（北京）围绕学生应掌握的整体工程知识，构建了专业基础、先进技术和工程素养并重的独具特色的课程体系。① 在课程种类上，学校进一步优化课程体系，加大通识课程比重，将人文社会科学知识与工程基础知识有机结合起来。同时，开设一系列重点课程、精品课程等，丰富原有课程体系，提高课程整体质量。② 在课程结构上，将实践课程和理论课程分线展开，注重实践课程的设置。例如，在专业学位研究生培养方面，各科必修课中独立设置了 2 学分的实践类课程，且专业学位研究生实践类课程占总学分的比例较高，目前已达 30% 以上，为本科生单独设置的实践课程学分也占比 17%～19%。学校也为学生提供了社会实践、生产实习、学科竞赛等多样化的实践活动，多途径培养学生的知识应用能力与实践创新能力。③ 在授课师资安排上，校内教师主要负责讲授专业基础理论相关课程，企业专家为学生拓展与生产实际相关的工程实践案例分析，国外教授为学生开拓学科前沿，充分发挥不同类型教师的优势。④ 在教学方式方法上，主要采取小班授课模式，控制班级规模，引导教师采用启发式的教学方式教导学生，培养学生的自主研究能力和创新力。⑤ 在考核方式上，根据课程类型的不同，具体操作形式有所变化，但总体上，注重以学生为中心，从重教转为重学，从重结果评价转为重过程评价，从重分数转为重能力，更加强调学生的全面发展。课程考核方式如表 5 - 1 所示。

表 5 - 1　课程考核方式

课程类型	考　核　方　式
理论课程	根据课程的研究热点撰写调查报告；提高平时成绩比重，增设工程实践问题的相关作业；最终成绩由平时成绩、阶段考核分数、期中期末考试成绩等共同构成
设计类课程	最终成绩由平时成绩、成员评分、答辩成绩和设计报告总成绩等构成
生产实习	最终成绩由平时成绩、笔试成绩、实习报告分数等构成，由校内教师和企业导师按一定比例共同确认

5.1.2.2　多模式培育各阶段人才

1. 本科生培养模式

（1）"订单式"培养模式。"订单式"培养是中国石油大学（北京）

人才培养的一大特色，也是该校办校多年总结与探索出的一条校企联合培养模式。该模式即石油石化企业从学生中定向选拔适合企业发展的人才，与学生签订协议，企业为其提供学校所需的费用，但要求学生毕业后直接到该企业就业。在该模式中，校企共同制定人才培养具体方案，企业技术人员负责学生部分课程的讲授，学生在学校完成知识的学习后到企业进行实习，正式毕业后到签订协议的企业就业。这种模式使企业参与到了从培养目标制定到人才培养的全过程，既有助于企业寻找到对口的专门人才，也解决了学生的就业问题，一举两得。这种培养模式不仅适应了当前石油行业对人才的需求，同时也为学校"卓越计划"提供了实践经验。①

（2）"3+1"培养模式。"订单式"培养模式的成功实施为学校人才培养提供了很好的实践经验，在此基础上，中国石油大学（北京）进一步探索了"3+1"本科生培养模式。"3"是指三年的理论基础课程学习，培养学生扎实的知识基础，加上在此过程中开展的科技创新项目等环节，使学生学以致用，培养学生的学科意识和创新思维。"1"是指一年的实践教育，使学生真正参与到工程实践中，培养学生的工程素质，形成工程意识，递进式培养适应国家战略发展需求与经济建设需要的、工程理论知识扎实的卓越工程师后备人才。①

2. 研究生培养模式

（1）"企业工作站"培养模式。中国石油大学（北京）在研究生培养层面也充分发挥校企合作优势，通过与企业协商，建立多个研究生"企业工作站"，对原有的研究生培养模式进行了变革。"企业工作站"在企业设立，当全日制研究生完成校内的基础理论课学习后，经过筛选、互选模式进入工作站实习，在企业导师和校内导师的共同指导下开展实习实践活动以及科学研究，完成毕业论文的撰写。①目前学校在企业建立了100余个研究生联合培养基地，为专业学位研究生提供广泛的选题内容，以油气企业工程技术难题为目标，为学生打造"真刀真枪"的专业实践环境和论文选题方向。

---

① 中国石油大学（北京）. 中国石油大学（北京）卓越工程师教育培养计划工作方案 [EB/OL]. [2020-08-07]. https://www.cup.edu.cn/sbcgzs/docs/20140314122254766240.pdf.

（2）"1+1+1"培养模式。"1+1+1"培养模式体现了研究生培养的特色，与本科"卓越计划"实现了良好衔接。从本科卓越班录取的学生须在第一年进行扎实的学科知识学习，打好理论基础，之后到"企业工作站"或工程师学院进行一年的实习实践，深入工程中，以培养工程技术实践能力，同时完成学位论文撰写过程中所需的数据获取和实地调研工作，最后返回学校进行论文撰写与答辩等毕业收尾工作，这一模式可在培养学生专业能力的基础上进一步提高学生的综合素质。[①]

（3）一体化培养模式——工程师学院。2010 年中国石油大学（北京）积极响应社会对提升高等工程教育质量的需要，在"订单式"培养模式和"企业工作站"培养模式的基础上，与克拉玛依市政府合作成立中国石油大学克拉玛依工程师学院。该学院的成立体现了"政产学研"合作的宗旨，承担了学生工程实践环节和毕业论文撰写环节的教育教学任务。工程师学院的建立成功地探索了本硕博三级人才培养一体化模式，也探索出"政产学研"共同助力工程教育的新路径。[①]

5.1.2.3 搭建国际合作平台

2013 年，"一带一路"倡议的提出促使我国高等教育对外开放的力度不断加大，为我国高等教育提供了一个前所未有的发展平台。中国石油大学（北京）紧抓"一带一路"倡议带来的机遇，于 2018 年牵头成立世界能源大学联盟，搭建国际合作平台。世界能源大学联盟涵盖 16 个国家的 28 所能源领域高校，其中包括来自俄罗斯（古勃金国立石油与天然气大学、乌法国立石油技术大学、南乌拉尔国立大学）、哈萨克斯坦（哈英理工大学）等"一带一路"沿线国家的高校。[②] 学校在以往合作的基础上，借助上海合作组织、中俄工科大学联盟等平台，与"一带一路"沿线国家的 60 多所高校建立了合作关系，尤其是自 2016 年以来，与"一带一路"沿线国家的 23 所院校签订了 24 份合作协议，成员大学将在学生培养、科

---

① 中国石油大学（北京）. 中国石油大学（北京）卓越工程师教育培养计划工作方案 [EB/OL]. [2020 - 08 - 07]. https：//www. cup. edu. cn/sbcgzs/docs/20140314122254766240. pdf.

② 李玲云，孙旭东. 我国与中亚地区教育交流与合作中的问题及对策探析——以中国石油大学（北京）为例 [J]. 世界教育信息，2019（10）：26 - 29.

学研究、学术资源共享等多方面开展密切合作。

2018年9月，中国石油大学（北京）又与哈萨克斯坦哈英理工大学签署了关于共建"一带一路"油气工程师学院的协议。该学院立足于石油与天然气学科和产业，致力于推动"一带一路"沿线国家在石油工程高等教育领域的交流与合作，培养专业基础扎实、具有国际化视野的石油工程高端人才，为"一带一路"建设提供科技和人才支撑。世界能源大学联盟也将促进联盟大学之间在全球化趋势下的系统性合作，促进高水平人才的培养，提高成员国在相关领域的竞争力。[1]

5.1.2.4 校内外实践基地建设

中国石油大学（北京）十分注重实践基地的建设，不仅利用校内的资源优势来建设校内学生实践基地，与企业合作共建校外实践基地，还与政府、企业三方共建实践基地，多平台、多渠道为学生提供多样化的实践活动。

（1）建设校内仿真训练基地。学校积极投入资金，并与企业联合共建仿真训练基地，已建成集油气勘探、钻井、采油、油气储运、炼油化工、自动化、市场营销等石油工业上中下游各专于一体的仿真实践教学平台，[2] 多数仿真操作系统已实现与企业仿真装置一致[3]。

（2）建设高水平校企联合实践基地。学校注重加强校外工程实践基地建设，不断推进企业实习基地、企业科研工作站、校企联合培养基地等的共建，特别是在与新疆克拉玛依市和当地7家企业成立克拉玛依工程师学院的基础上，又与北京的多所研究院共建了北京工程师学院，从而为学生提供充足、高质量的校外实践基地。[2]

经过多年的探索，学校形成了校内外基地各有侧重、相互协同的学生实践训练局面。通过校内仿真训练，学生了解了工程的过程和工程项目的

———————

① 世界能源大学联盟.世界能源大学联盟在中国石油大学（北京）揭牌成立［EB/OL］.［2020-08-07］.https：//www.cup.edu.cn/weun/xwdt/177110.htm.

② 教育部.中国石油大学（北京）改革研究生培养体系把好教育质量过程关［EB/OL］.［2021-11-05］.http：//www.moe.gov.cn/jyb_xwfb/s6192/s133/s144/201404/t20140408_166927.html.

③ 教育部.中国石油大学（北京）注重本科生实践教育［EB/OL］.［2021-11-05］.http：//www.moe.gov.cn/jyb_xwfb/s6192/s133/s144/201611/t20161128_290189.html.

实际运行等，在校内即可较好地接触工程全貌。而校外实践基地则为学生提供了优良的工程训练条件和参与国家重大科技工程项目的机会，学生开展涵盖工程技术研发、工程应用等各类实践课题，[①] 极大地提升了学生解决工程问题的实践能力。

5.1.3 特 点

5.1.3.1 将工程素养融入人才培养全过程

新的时代背景下，中国石油大学（北京）格外注重学生工程素养的培育，将工程素养融入人才培养的全过程中。一是在课堂教学中融入工程素养的培育，专设工程伦理等课程对学生进行工程素养的培育。同时，开设丰富多样的人文类选修课程，提升学生的思想素质。二是在"第二课堂"中融入工程素养教育。通过组织学生到实践基地实习，使学生在实践过程中对工程有更详尽的了解，潜移默化地培养工程意识。三是在校园文化中融入工程素养。把环境保护、法律等相关教育贯穿培养全过程。[②]

5.1.3.2 注重学科交叉培育复合型人才

面对国家技术创新、能源安全等要求，石油石化行业应势转型，通过科技创新推动生产效率的提升，通过绿色化等手段实现石油石化行业的可持续发展。行业市场的转型给高校的学科建设带来了挑战，需要优化传统学科来适应外在环境的变化。中国石油大学（北京）立足国家能源战略需求，促进交叉学科生成，推动学校长远发展。一方面注重发展适应国家需求的新兴交叉学科，依托学校油气资源等优势学科，整合地热等特色研究资源，在研究平台和实践基地的支撑下建设清洁与低碳能源领域等学科方向，适应国家绿色发展的要求；另一方面继续促进学校已有优势学科的发展，突出特色明显的学科，保持学科优势。此外，学校也注重对学生的通

---

① 教育部. 中国石油大学（北京）改革研究生培养体系把好教育质量过程关 [EB/OL]. [2021−11−05]. http://www.moe.gov.cn/jyb_xwfb/s6192/s133/s144/201404/t20140408_166927.html.

② 文永红，吴小林，齐昌政，等. 以职业需求为导向的专业学位研究生培养实践探索——以中国石油大学全日制工程硕士培养为例 [J]. 国家教育行政学院学报，2016（5）：80−85.

识基础教育，拓宽专业口径，设置跨学科方向的课程，为复合型人才的培养打好基础。

5.1.3.3 引育并举，打造创新人才队伍

创新人才的培养需要具有创新性的师资队伍。中国石油大学（北京）在改革人才培养的过程中，一直将师资力量视为改革的重点对象，多方面提升师资队伍的水平。一方面注重校内教师的培养，专设各类培训措施，如青年教师成长工程等，促进教师发展；另一方面设置青年创新团队项目，培养学科带头人，推动学科生长点的培育。在人才引进方面，进一步完善人才引进政策，通过住房保障等措施提高对人才的吸引力。现已制定的《优秀青年学者培育计划实施办法》等一系列文件，形成了一套较为完善的人才工作体制机制，加强了人才引进和培养力度。此外，学校还积极聘请企业工程师、资深管理人员来丰富学科团队，通过邀请企业人员进行课程讲授或直接将企业人员聘为导师等形式增强企业教师的归属感，最大程度发挥企业导师的作用。

5.1.3.4 探索多元化校企合作模式

"政产学研"联合办学是中国石油大学（北京）人才培养的特色所在。学校目前与中国石油天然气集团有限公司、中国石油化工集团有限公司形成了固定合作模式。一方面通过研究生"企业工作站"等实践基地的建设实现校企联合培养，另一方面通过"订单式"培养模式实现人才培养一体化，加之学校承担了许多企业的科研项目，进一步巩固了校企合作模式。[①]

在本科生层面，学校开设企业"订单卓越计划班"，注重对学生实践环节的教育，企业参与从培养目标制定到具体实施的全过程，使人才培养更具社会适应性，也切实培养了企业所需的专门人才，"订单班"培养的学生可以在毕业后直接到对口企业就业。在研究生层面，专业学位研究生注重培养学生的工程实践能力，课堂教学、实践训练与论文就业有机衔接，实现各有侧重的三阶段培养。企业被视为整个培养过程中不可缺少的一部分，培养方案的制定、实践课程的教学、学位论文的指导都离不开企

---

① 黄娅，孙盼科，金衍，等. 高水平行业特色型大学"双一流"科技创新特色发展路径探索——以中国石油大学（北京）为例 [J]. 科教文汇（下旬刊），2019，(12)：4-7.

业的参与和支持。中国石油大学（北京）通过开放式教学，使企业真正参与人才培养的全过程，师生也积极参与到企业的研发项目中。学校以不同的方式促进双方的合作互动，引企入校是合作的一方面，引校入企则是推动校企合作可持续发展的另一重要方面。

5.1.3.5 为人才培养建立保障机制

1. 校企协同管理

校企协同管理是促进校企合作可持续发展的必要条件。一方面，中国石油大学（北京）通过在实习实践基地成立学生管理委员会、设置辅导员进厂等措施管理校外实习学生，在为学生提供服务的同时也减少了学生对企业的干扰；另一方面，通过拨款等方式促进企业对设置企业导师的支持，积极推动企业相关部门规范校外导师工作的量化管理。此外，在师资队伍建设方面设立较高门槛，在研究生培养全过程中实现"双导师制"，所聘请的教师也要求是兼具理论水平与实践经验的行业专家，能给予学生最细致的指导。

2. 教学质量监管

中国石油大学（北京）注重对教学质量的监管。学校根据人才培养目标和现状更新教学环节的质量标准，从而进一步规范了教学过程管理，为科学评价教学工作提供了依据，构建起完整全面的教学质量监控体系。同时，学校通过制定教学工作专家组制度、校处级领导干部听课制度、学生教学评测制度等强化教师的责任意识，保障教学质量的提升。

5.1.4 启 示

中国石油大学（北京）的石油工程学科是全国重点学科，在面对新的国际、社会、行业市场环境下，学校积极改革传统的育人模式，培育了适应并能够引领石油行业发展的创新型、应用型石化工程人才。学校的一系列改革也为我国其他石油行业特色型高校提供了借鉴。

5.1.4.1 开展多元化、分阶段的人才培养模式

根据本科生与研究生个体身心发展需求以及未来发展方向定位的不同，分层次、有针对性地制定人才培养方案。为培养学术型人才、储备创

新型人才，可以将研究生阶段的一些课程作为高年级本科生的选修课，实现本研一体化人才培养。

5.1.4.2 加强师资队伍建设

高水平工程人才的培养离不开优质师资队伍的建设。一方面，应注重优质人才的引进，岗位要求与工资福利相契合，加强师资的保障制度建设，吸引国内外人才进校任教；另一方面，应注重校内教师的培训，设置特色培训与竞争类项目来促进教师的成长，鼓励教师开展工程研究，引育并举，以加强师资队伍建设。

5.1.4.3 推动政产学协同发展

在积极寻求与政府、企业合作的同时，也应注意到，校企合作不是单纯的一方付出与另一方的接受，这种认知是阻碍校企深入合作的因素之一。顾名思义，校企合作是一种合作互惠的过程，在这一过程中，合作的双方都可以从不同方面得到不同程度的收益。学校方面应积极参与、承接企业的研究项目，实施开放教学，为企业参与人才培养全过程留有空间；企业方面应承担起社会责任，参与学校人才培养的全过程，向学校推荐优质导师，吸纳学生、教师到企业实习。其中首要的是，应探求学校与企业之间的共同价值愿景，以此作为校企合作的共同目标，夯实校企合作的价值根基，为校企可持续合作提供保障。但同时也需要制定相关的管理制度、保障机制，从制度上保障交流合作双方的基本利益。

5.2 北京科技大学冶金工程专业

北京科技大学的冶金工程专业是国家的重点学科，在进一步深化国家的工程教育体系改革方面做出了重要贡献。该专业课程体系完备，形成了理论课程、实践课程和素质拓展三大模块，在每个模块中包含着形式多样的课程。各个模块之间相互联系贯通，构建了以"冶金+"为核心的新工科课程体系。这个体系主要从建设目标、建设基础和建设内容三个方面展开。北京科技大学的冶金工程专业尤为强调实验教学，重视实验性课程的开发，并积极构建研讨性课程模式，因此对教学目标、方法和内容等方面均做出了相应的改革。北京科技大学的冶金工程专业起源于 1895 年北洋大学的矿产冶炼专业，后由北洋大学等 5 所院校联合创办而成。该专业也是北京科技大学最早设立的特色专业，北京科技大学因该专业而享有"钢铁摇篮"的称号。北京科技大学于 1994 年成立冶金工程学院，冶金工程学科经过长期的发展，成为最早的博士学位授予点以及博士后流动站，在世界冶金界享有很高的知名度，该学科的硕士研究生和博士研究生的比例甚至超过了本科生。①

5.2.1　培养目标

北京科技大学的冶金工程专业要求学生具有为社会服务的精神与能力，能够为国家的繁荣富强与中华民族的伟大复兴而不懈努力，同时还应具备一定的道德情操与人文素养，在复杂的冶金一线工作中具备团队合作精神与协同创造能力，能够将所学用于实际。学生应具备与冶金工程相关的工艺流程的设计能力，还应具备一定的创新创业精神与实践能力。这是学生将来从事相关行业时的技术支撑与精神保障。北京科技大学在培养目标中也将学生的跨文化交流能力与国际视野作为一项重要标准。学校致力于培养会学习且热爱学习的人，这要求学生具有自主学习与终身学习的能力与意愿。除此之外，学校也十分注重对于学生身体素质的培养，希望学生能养成体育锻炼的良好习惯。毕业生在各大冶金相关行业中从事研究、设计、生产与培训等专门性的工作，并且成为冶金行业的专业型管理人才或技术型骨干。②

5.2.2　培养举措

5.2.2.1　构造冶金工程专业课程体系

北京科技大学在课程体系构建的各个阶段设置了不同的目标，彼此又

---

① 北京科技大学. 如你所"院" | 北科大冶金——"世界第一"，助力工业强国 [EB/OL]. [2020-08-09]. https：//baijiahao. baidu. com/s?id=1672347331521527733.

② 贺东风. 冶金工程专业毕业要求达成度评价体系构建 [J]. 教育教学论坛，2020 (27)：103-104.

相互联系，从而成为一个有机整体。学校设置冶金工程专业的初衷是为了培养极具创造力的高级冶金工程人才。[①] 冶金工程专业课程的设置具有一体化特点，包括理论课程、实践课程和素质拓展课程。冶金工程专业的课程体系如图 5-2 所示。

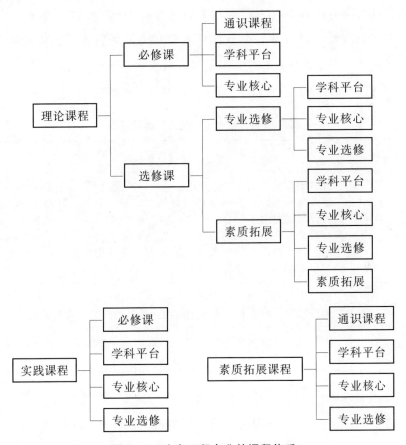

图 5-2　冶金工程专业的课程体系

5.2.2.2　构建"冶金+"新工科学科体系

当下冶金工程专业的相关理论已日趋成熟，相关技术也日趋完善，从而导致冶金工程学界的创新也变得愈加困难。在"中国制造 2025"战略等国家性战略方针的引导下，该学科也遇到了新的发展契机。因此，冶金

---

① 李京社，杨小玉．冶金工程专业课程设置之我见 [J]．贵州工业大学学报（社会科学版），2000（1）：38-40.

工程专业可向着绿色化、精准化、国际化、信息化的方向发展，构建一个新型的"冶金+"体系。①

1. 建设目标

为了进一步实现高等教育内涵式发展，并加快推进"双一流"建设，北京科技大学早在 21 世纪初就提出了为成为世界一流大学而采取的"三步走"发展战略。2015 年，学校针对各学科专业的特点、优势和不足，为学校冶金工程专业建立了"三步走"发展战略，并在不同时间段对其进行了不同程度的细化。"冶金+"新工科建设目标如表 5-2 所示。

表5-2 "冶金+"新工科建设目标

时 间	建设目标
2020 年	针对冶金流程工业，逐步建立一个以"冶金+"为主要特点的新工科学科体系，促进该学科与环境、信息、能源、自动化等学科的彼此贯通与交叉融合；以"一带一路"倡议为转型契机，开设国际冶金工程学科的高等教育联盟与国际本科班；建立一个或多个全球领先的冶金科技团队，从而为中国从冶金大国走向冶金强国提供多项技术保障与人力支持
2030 年	进一步提高冶金工程学科的实力，争取成为国内和国际上排名靠前的冶金工程学科，成为全球冶金研究与战略开发的基地
2050 年	继续保持在国内外的领先优势，促进全球冶金工程学科的向前发展

2. 建设基础

（1）重大成就。首先，研发多种实用性的钢铁材料以满足国家的战略需要。北京科技大学早在 2014 年就获批成立"钢铁共性技术协同创新中心"，开启了与钢铁企业协同发展的新局面。其次，北京科技大学的冶金工程研究团队在相关理论上进行了诸多创新。例如，周国治院士团队丰富了冶金熔体的相关理论，殷瑞钰院士对于"冶金流程工程学"的相关理论研究也极为突出。另外，学校建立了相关产业联盟，为多项国家战略（如

---

① 北京科技大学. 北京科技大学一流学科建设高校建设方案（精编版）[EB/OL].[2020-08-09]. https://www.ustb.edu.cn/docs/2018-01/20180129092952678499.pdf.

"京津冀协同发展"战略等）提供了技术和人才方面的保障。最后，拥有全方位的全球视野。从近五年来看，学校就举办了7次大型国际性学术会议，与多个国家建立了不同程度的联系，与许多国际性企业也展开了合作，如学校为塔塔（Tata）钢铁公司开设"国际高管培训班"等。

（2）优势特色。第一，科研平台一流。北京科技大学拥有价值3.9亿元的最新冶金工程设备。第二，国际化建设突出。学校提供了充裕的国际合作经费。学校为培养学生的国际性视野，特地邀请国外专家来校为学生开展讲座，甚至是全英文上课，同时学校也安排部分学生去国外著名的冶金公司进行实习。第三，师资力量十分雄厚。北京科技大学冶金工程专业现有的教师队伍为120人，其中包括13位"长江学者""杰出青年基金获得者"等专家以及1名院士，另外还有2名北京市教学名师、3名海外名师。第四，科研经费充足。北京科技大学的师生已在SCI等国内外著名期刊上发表多篇高质量的论文，多次申请到国家自然科学基金重点项目和国家科技支撑项目，不断有专利和相关著作落地产出，多次获得国家级、省部级奖项。

3. 建设内容

（1）"冶金+"新人才培养模式。首先，培养学生求真务实、敢于拼搏、敢于创新和博学进取的精神，结合学校的学科发展特色，设立"魏寿昆科技教育奖""魏寿昆青年学者奖"等奖项来进一步培育"钢铁摇篮"文化，提升冶金工程学科的综合实力。其次，与相关企业联合开发"冶金+"系列课程，跨学科甚至跨院系进行人才培养模式的深化。例如，可以增设一些与冶金资源回收利用有关的课程来培养学生的绿色环保意识，增设与信息化冶金技术有关的课程来培养学生在新时代的自动化工程素养，增设实践性课程来增强学生的动手能力与实操技能，从而培养全方面发展的复合型冶金人才。最后，完善人才培养体系，培养国际化的新型人才。截至2020年，学校开设的冶金相关课程中，有10~15门是进行全英文授课的。在国际化课程开发中，已与一些高校合作实现了学位互认、学分互认的联合培养模式，并且牵头成立了"一带一路"冶金高校联盟。

（2）以"冶金+"新理论和新科技为核心的科研体系。首先，"冶金+"新理论、高端钢铁材料冶金技术、绿色冶金技术和智能信息化"冶金+"技术是未来冶金工程专业的四大主要前沿方向。①"冶金+"新理论涵盖了现代冶金测量技术、现代冶金表征新技术、流程化冶金工程学以及冶金热动力学等方面的数据库材料。②高端钢铁材料冶金技术在熔盐电化学、高效炼金属材料和洁净钢等方面已达到了国际领先水平。③绿色冶金技术围绕冶金流程工业，注重工程教育中的环境问题以及资源的合理利用，强调冶金全过程应注重节能减排与多种工业废水、废气的过滤排放，达到一个系统集成化的效果。④智能信息化"冶金+"技术结合现代信息技术达到冶金工程的智能化与自动化，对钢铁生产过程中的各项流程与能量输出进行参数比较，并达成技术支撑，尤其要解决一些极端环境下的设备可靠性问题，如在高温、高湿、震动、强电磁作用力、强粉尘等环境下取得有效的数据来源。

北京科技大学以这四大方向为立足点，建设世界一流的冶金团队。"冶金+"新理论团队主要研究一些反应的实验室仿真情况，如高温反应下的动力学原理和非金属杂质的去除等；高端钢铁材料冶金技术团队的研究方向主要为高级特质钢铁、精准控制铸造金属、长寿技术与高含氧量喷煤等；绿色冶金技术团队的研究方向主要为复杂化金属材料的有效提取、金属等资源的多次循环利用、绿色高质量的轻金属冶炼与金属能源重构等；智能信息化"冶金+"技术团队致力于研究智能化的冶金流程工业与精准控制试验。另外，北京科技大学创办了冶金学部，以打造冶金特色学科群，全方位提升冶金工程专业的协同育人效果，并且开设了冶金相关技术的共享平台；创办冶金特色产业化学院，依靠"金属共性技术协同创新中心"来发展全球性的校企合作平台，建立冶金全能智库。

（3）"冶金+"新工科师资队伍。一支科研能力突出、师风师德优越、国际化视野开阔且具备创新能力的师资队伍是北京科技大学取得一系列成果的切实保障。学校每年大约会增加10名专任教师，引进3~6名外籍教师和3~5名冶金学科带头人，同时也会引进一些具备信息化素养的冶金青年人才。

（4）"冶金+"新工科全面国际化。在国际化方面，北京科技大学已经与一些世界一流大学或学术研究机构、冶金相关企业建立了不同程度的合作交流关系。学校创办的冶金工程国际班为加强新工科国际化奠定了扎实的基础，已实现了与国际知名冶金高校间的学分互认与学位互认，北京科技大学的冶金工程专业在国际化的道路上越走越远。2020年起，国际研究生招生录取规模将突破20人/年。同时，学校也注重自身的冶金工程学科在国际上的学术地位，鼓励国际上的知名教授到校担任兼职教授，积极与世界一流大学的相关研究机构建立不同程度的联系。学校师生也积极参与国际会议，踊跃在国际期刊上发表论文，并且在一些国际性冶金组织中任职。

5.2.2.3 重视实验教学

实验教学能够有效培养学生的动手能力与实操能力。北京科技大学的冶金工程专业十分重视培养学生的综合素质。冶金工程专业的教师不仅仅是把知识传授给学生，更希望进一步提高学生的工程素养来适应不断发展变化的社会，在某种程度上这也有利于提高学生的综合素质。[①] 钢铁冶金、有色金属冶金和物理化学法冶金是冶金工程专业的三个主要研究方向。冶金工程专业通过实验教学，将实践教学与课程相统一，注重各个环节之间的联系，以增强学生对于冶金工业的理解和认识。此外，学生也可以在动手中激发自己的思维活力，提高自身的创新素养。

1. 建立独立的实验课程

自2004年起，北京科技大学对本校的冶金工程专业实验教学课程进行了改革，建立了彼此之间既联系又独立的实验教学体系。在这个过程中，编写实验课专门教材是十分重要的一个步骤。陈伟庆教授主编了《冶金工程实验技术》一书。该教材结合冶金工程专业的各实验项目与教学设备仪器使用方法，对学校冶金工程专业中的先后流程与核心技术进行了整

---

① 韩丽辉.冶金工程研究型人才工程能力与创新素质的培养［C］//北京市高等教育学会技术物资研究会.北京市高等教育学会技术物资研究会第九届学术年会论文集.北京，2007：318.

合。该教材结合了冶金工程专业的特点，根据该专业的未来发展趋势进行布局，一方面增加了实验教学的知识，另一方面拓展了实验教学的广度与深度。由于本科生在大学前三年须进行大量的专业知识的学习，因此主要将实验教学安排在大四上学期，这一阶段的学生进行实验操作也更得心应手，能够减少很多不必要的失误。在培养过程中，学生需要提前进行 18 学时的"冶金工程实验技术"课程学习。该课程主要讲解一些冶金工程专业的基本实验原理、方法和内容，同时也系统介绍相关的实验仪器与设备。在学生对实验的原理、内容和方法较为熟悉之后，教师再根据实验项目依次安排学生进行实验，以完成培养目标所需的实验课学时要求。通过冶金工程专业的相关实训后，学生对该专业的实验研究方法有了更全面的了解。学生在实验中遇到一系列问题时，会运用自己掌握的一些实验操作技术来解决问题，这真正培养了学生的创新精神与实践动手能力。

2. 增加综合性、设计性实验

冶金工程专业的实验教学中经常会存在一些问题，如实验学时过少、理论与实践联系不紧密、学生缺乏实验热情和实验的安全性问题较多等。北京科技大学针对以上问题多次修订教学大纲，将冶金工程实验分为三个层次，层层递进。第一个是基础性实验层次，第二个是综合性实验层次，第三个是创新性实验层次。基础性实验往往带有验证性质，其实验操作和内容均较为基础，主要目的是教会学生一些关于冶金工程的基本实验操作。综合性实验涉及冶金工程专业多方面的知识，有时甚至会涉及其他相关专业的知识，以期做到知识之间的融会贯通。综合性实验的目的主要是激发学生的求知欲，培养学生在面对问题时从多个角度去思考问题的能力。创新性实验往往带有设计性质，教师会提前告诉学生实验的目的、要求和条件，但是需要学生自己设计实验方案。创新性实验能够锻炼学生的创新性思维并且激发学生对实验的兴趣，有利于培养学生的科研能力与全局掌控能力。

3. 构建开放型实验教学模式

在传统的实验教学中，由于内容较为统一、时间较为固定，使得学生缺乏一定的自主选择权，学生的一些想法被当下条件所禁锢，限制了学生创新性思维的培养。因此，学校需要立足于开放的实验项目与开放的实验室来构建新型的教学模式。

（1）开放的实验项目。自 2007 年起，北京科技大学对冶金工程专业的实验课学时与教学内容进行了补充与再次整合，从而优化了实验教学的结构。在此次课程的重构中，将实验项目增加至 17 项，其中包含 5 项必做实验和 12 项选择性实验。在这 12 项选择性实验中，有 5 或 6 项选择性实验是完全不受外界限制的，可以根据学生个人的兴趣进行自主选择。另外，北京科技大学也非常鼓励学生自己申请一些实验项目。学生可以先填写实验项目申请表，经相关负责人审批后即可着手进行实验操作。

（2）开放的实验室。北京科技大学的冶金工程实验室长时间开放，学生可以自由组队来进行实验操作，这为学生进行实验操作提供了一个很好的场所与平台基础。在这一过程中，学生需要提前向指导教师预约好实验时间并报备相关实验事宜，教师在学生自主申请的实验项目中只起到一个辅助性的作用。开放的实验室为培养学生的动手能力与团队协作能力提供了一个很好的场地，这有利于培养学生的创新性思维与能力。

5.2.2.4　研讨课教学

研讨课主要研讨学术性专题，北京科技大学的教师在教学过程中十分重视师生之间的交流互动。目前研讨课主要用于学校的本科一年级学生，规模以小班为主。研讨课的开设是为了帮助大一新生自主选课，从而适应大学的学习模式，实现从高中阶段到大学阶段的有效转变。2010—2013年，北京科技大学冶金工程专业教师对新生研讨课进行了新一轮的改革，以适应当下教育时局。

1. 教学目标

北京科技大学根据冶金工程专业的特征，在新生研讨课上与其他交叉学科联合创办主修板块，有效开展互动式教学来完成 16 学时的课程。新生研讨课的主要目的是培养学生的专业兴趣与激发学生的学术热情，从而在大一时就帮助学生树立四个转变的目标——奋斗目标转变、学习目标转变、学习方法转变与学习内容转变。在奋斗目标上，从为了个人过好日子而上大学转变为上学是为了服务社会；在学习目标上，从通过考试转变为提高自身综合素质；在学习方法上，从机械地接受学习转变为自主探索学习；在学习内容上，从广泛涉猎学习转变为针对冶金工程专业知识技能的学习。①

2. 课程内容

北京科技大学冶金工程专业的新生研讨课在内容上不拘泥于知识体系的完整，而是立足于当今社会较为前沿与迫切的社会问题来进行切入，在这个过程中也会涉及一些交叉学科的选题。新生研讨课不仅有经典性的冶金工程专业知识，还涉及前沿性的冶金相关研究进展与热点问题，因此深受广大师生的喜爱。新生研讨课的主要内容和目标如表 5 - 3 所示。

表 5 - 3 新生研讨课的主要内容和目标②

课 程 内 容	课 程 目 标
绿色冶金工程	旨在探析冶金工程行业的资源环境保护问题
"吃石头"的钢铁铸造业	旨在揭示矿产资源对金属行业产生的影响
钢铁大国与强国	旨在探究中国从钢铁大国走向钢铁强国的有效路径
其他材料与钢铁的"战争"	旨在比较钢铁材料与其他金属材料的异同以及发现其他金属材料的优势
祖先的金属文化	旨在回顾古今中外的冶金工业文化
金属也能飞上天	旨在研究金属材料在航空航天业中的应用开发之路

---

① 江树勇，王利民，赵立红.《现代汽车工程》新生研讨课的教学改革与实践 [J]. 高教论坛，2009（5）：78 - 80.
② 成泽伟，王福明. 冶金工程专业新生研讨课教学改革与实践 [J]. 中国冶金教育，2014（2）：11 - 13.

续　表

课　程　内　容	课　程　目　标
汽车内部的钢铁之魂	旨在探析金属材料在交通工具铸造中的作用与地位
揭秘微观的金属世界	旨在观察微观视野下金属材料在形态和性能等方面的联系
金属与其他材料之间的"情谊"	旨在总结金属与其他材料之间的联合"发力"作用
钢铁是怎样炼成的	旨在剖析钢铁铸造业的流程与未来发展方向
钢铁无处不在	旨在培养学生发现日常生活中钢铁材料的多种用途

3. 教学方法

新生研讨课会采取多样化且系统的研讨方式，主要包括选题指导、自主探索、课堂研讨、汇报答辩和书面汇报五个步骤。

（1）选题指导。教师在所授课堂上给学生提供关于冶金的一些基础知识与前沿进展以供学生参考，学生在课后可以根据自己的学习兴趣来选择深入研究的方向，选题也可以由小组配合完成。

（2）自主探索。该阶段可以以个人或者小组的形式来展开。若是以小组的形式，则可以全方位培养学生的沟通交流能力与团队协作能力。在具体探索过程中，可选定一名组长进行整个团队的任务分配。

（3）课堂研讨。各个小组选择一人，以汇报的形式在课堂上向老师和同学们分享自己的研究成果和研究内容，组内其他成员负责答疑补充。汇报完成后，师生之间进行交流，教师在此时要发挥指导引领作用，对学生的汇报予以适当的评价。

（4）汇报答辩。汇报时间为 25 分钟左右，教师就选题创新性、汇报内容系统性和完备性、答辩思路的逻辑性、小组成员分工协作情况等方面进行打分评价。

（5）书面汇报。学习小组按照科技论文的形式将研讨成果进行汇集写作，作为书面作业提交。

5.2.3 启 示

北京科技大学冶金工程专业对工程人才的培养做了积极探索并取得了显著成绩，尤其是在建设以"冶金"为特点的新工科学科体系时，将传统学科优势与能源、环境、信息、自动化等学科进行交叉融合，构建学科群，重视学生跨学科能力的发展和培育，创造性地提出"冶金+"新人才培养模式。

实验教学和研讨课教学改革与实践也是北京科技大学冶金工程专业的一大特色和优势。其通过建立独立的实验课程，编写独立的实验教材，融合各个学期的实验教学，使实验教学体系更加系统和完备。在实验教学中，由于综合性实验与设计性实验更具挑战性，因此在一定程度上可以增加这两者的比例，充分考虑学生的学习兴趣和发展水平。实验室的全面开放为学生提供了良好的学习实践环境，学生在做中学、在做中问，可以加深对知识的掌握和理解程度。研讨课教学的优势不言而喻，但是却对教师的学术水平、学生的自学能力以及班级规模提出了更高的要求，教师在实施过程中应当更加关注教学实效，注重对学生的过程性评价，让学生真正从研讨课中受益。

5.3 北京化工大学化学工程专业

新时代，我国高等工程教育进入新阶段，这对高等工程教育来说，既是机遇，也是挑战。面对新形势，我国需要加快新工科建设，统筹考虑"新的工科专业、工科的新要求"，改造升级传统工科专业，发展新兴工科专业。在流程工业领域，为了实现从大国向强国的转变，急需高校培养新型人才，同时智能优化制造也要求流程工业工程学科专业及人才培养体系的再造。石油化工作为流程工业的重要领域，许多高校对石油化工专业教育做出了调整，以培养适应新时代的石化人才。

北京化工大学原名北京化工学院，创办于 1958 年。北京化工大学是国家"211 工程""985 优势学科创新平台"重点建设院校之一,是教育部直属的一所以化工为特色的多科性全国重点大学。北京化工大学的化学工程学院以国家重大需求为牵引,构建了以学科前沿性和交叉性为特征的"基础研究-技术创新-工程化应用"三位一体的创新研究体系,拥有国内一流水平的研究平台和基地。该学院现设有化学工程系、环境科学与工程系、能源化工系和化学工程研究所,建有"化学工程与工艺"、"环境工程"和"能源化学工程"三个本科专业。其化学工程与工艺专业所依托的"化学工程与技术"是国家首批一级重点学科,2007 年首批通过教育部工程教育专业认证,2013 年第三次通过工程教育专业认证。

5.3.1 培养目标

北京化工大学的化工类人才培养既强调专业知识的掌握,也强调工程实践能力的培养,注重将基础研究与应用研究相结合。化学工程学院坚持以培养"创新型科学研究人才"、"创新型工程技术人才"和"复合应用型人才"为目标(表 5-4),制定了不同模式的人才培养方案。通过开展各种大学生科技创新活动(数学建模、"萌芽杯"、"挑战杯"、大学生创新创业、化工实验大赛、化工设计大赛、Chem-E-Car 等各类科技竞赛),培养学生对科学技术的钻研与创新能力、应对与解决复杂工程问题的能力;通过邀请国外名牌大学教授来校内讲学、提供学生暑假参与海外实习和出国联合培养的机会与渠道等模式,培养学生的国际化视野和国际竞争力[①]。此外,学院注重学生德智体美劳全面发展,构建严格的理论学习和工程实践双重能力培养的教学体系。为了实现多元化人才培养目标,北京化工大学提出了学术型、工程应用型、复合创新型等多模式人才培养方案,注重学术型、工程应用型以及复合创新型人才的培养,以适应新经济时代传统化工行业产业变革的需要。同时,为确保培养目标的合理性与达成度,北京化工大学制定了专门的评价体系,由专业负责人牵头,每四年进行一次评价。

---

① 北京化工大学. 化学工程学院 [EB/OL]. [2020-08-09]. https://chem. buct. edu. cn/bksjy/list. htm.

表 5-4 北京化工大学化工人才培养目标

总 目 标	具 体 目 标
培养化工领域的"创新型科学研究人才""创新型工程技术人才""复合应用型人才"	（1）依据所学知识，综合运用并处理在化工实践中遇到的问题，能够提出建设性的解决方案； （2）紧跟国际化工领域发展趋势，重视工程的创新性； （3）以社会可持续发展为目标，以绿色化工为前提开展工程实践活动； （4）在团队中能够具备综合素质，协调和处理各项工作事务； （5）提高自身的专业水准和综合素质，适应社会对人才的需要

5.3.2 培养举措

5.3.2.1 优化课程体系

课程在教育事业中居于核心地位，是专业建设的基石，也是人才培养的主渠道。北京化工大学面对化工行业的转型发展、产业结构的变化，从课程体系建设方面入手，主动面向行业市场开设相关课程。在课程设置、教学方式等方面做出了一系列的调整。

北京化工大学以社会发展需求为导向，合理调整专业课和选修课所占比重，进一步完善课程设置体系，加强培养学生运用多学科交叉知识的能力。学校依托课程地图，增加多维度的工程设计类课程，与企业导师合作并加大力度实行联合培养计划，着重培养学生的工程设计能力和工程实践能力[①]。实践环节设 45 个必修学分。同时，通识课程的学分与专业课程学分相同[②]，注重专通结合，在通识课程中设置自然科学、工程知识类课程，在专业课程中渗透团队合作、企业管理、社会责任感、职业道德等内容，注重课程的深度与广度。北京化工大学化学工程与工艺专业课程学分

---

① 苏海佳，张婷，刘骥翔，等.基于多学科交叉融合的大化工卓越工程人才培养模式实践探索［J］.北京教育（高教），2019（5）：42-44.
② 北京化工大学.2018 级化学工程与工艺实验班培养方案［EB/OL］.［2021-10-29］. https://jiaowuchu.buct.edu.cn/505/list.htm.

如表 5－5 所示。

表 5－5　北京化工大学化学工程与工艺专业课程学分

必　修　学　分			选　修　学　分					总学分
通识类课程	专业课程	实践环节	公共基础课程	专业课程	通识教育	创新创业教育		
						创新创业课程	创新创业实践	
59.5	59.5	45.0	—	6.0	6.0	2.0	2.0	180.0

　　此外，北京化工大学在为大二学生开设的 20 门国际化课程中，涉及绿色化工（2017 年加入此门课程）、人工智能及其应用、社会工作与社会服务、工程师沟通技巧等。以此提升学生的绿色化工意识、社会责任感、人际沟通技能等，为未来智能化化工领域储备优质技术操作人才[①]。

5.3.2.2　开办英才实验班，培育学术精英

　　自 2015 年起，北京化工大学化学工程学院新增化学工程与技术英才实验班。英才实验班采用小规模、高规格、精英教育的原则，实行导师制，由"长江学者"、"杰出青年基金获得者"、"北京市名师"及资深教授担任授课教师及学生导师。英才实验班实行个性化培养、柔性化管理，学生将在导师指导下制定适合自身特点的个性化培养方案并开展相关科学研究，在导师指导下完成化工专业相关课程的学习，学生按照自身的发展计划可以申请减免或增加跨专业课程的学习。英才实验班采取以"3＋1＋5"本科—博士国际联合培养为主、"3＋1＋3"本科—硕士培养为辅的两种培养模式。在本科学习阶段，该班学生将利用前三年的时间学完主要课程，在本科四年级开始硕士/博士阶段的课程学习并进入高水平科研团队。"3＋1＋5"培养模式是指在博士学习期间，导师将选择学生赴国外知名大学联合培养一年，开拓学生的国际视野，以培养创新型工程科学人才。而"3＋1＋3"培养模式是在硕士学习期间，导师将选择学生进入相关工程设计单位进行为期半年的实习，从而全面提升学生的工程实践能力、

---

① 北京化工大学．2017—2018 学年开设国际化课程一览表［EB/OL］．［2021－10－29］．https：//jiaowuchu．buct．edu．cn/2018/0701/c504a21944/page．htm．

创新能力和管理能力。英才实验班通过启发式、研讨式、案例式、项目式等多种教学方式，辅以本科生科研能力训练，培养学生创新性思维，并定期组织学术研讨会，用英文交流开题报告、研究工作进展和进行文献报告。英才实验班还会组织学生通过各种渠道出国交流和参加国内外高水平学术会议，依托学院的"111海外引智计划"，为学生提供与国际一流大师交流的平台。

5.3.2.3 中外合作办学

化学工程学院依托北京化工大学的"大化工"学科和专业优势，搭建产学研合作和国际化合作的"双合作"教育平台，在人才培养模式、课程设置以及教师聘用等方面，引进国外先进的工程人才教育管理体系，建设国内一流的"大化工"工程人才培养基地，打造"大化工"高等工程教育品牌。化学工程学院下设卓越工程师学院、中法工程师学院和中德工程师学院。2017年2月，北京化工大学首个中外合作办学机构"北京化工大学巴黎居里工程师学院"获得教育部批准，由北京化工大学和法国巴黎国家高等化学学校共同合作创建，通过推进北京化工大学工程教育改革以及新工科建设，培养高水平创新型工程人才[①]。北京化工大学巴黎居里工程师学院引进法国精英工程师教育理念，采用两阶段培养模式：前三年为基础教育阶段，重点提升学生基础知识及外语水平；后三至四年为工程师教育阶段，重点提升学生的专业技能和工程理论水平。

为培养面向世界、面向未来的高水平工程技术人才，提高学生的工程实践能力与解决复杂工程问题的综合能力，北京化工大学加强与企业间密切联系与合作，盘活内部资源、争取外部资源。据此，学校建立了3个化工类虚拟仿真实验教学中心、2个国家级实验教学示范中心和3个省部级实验教学示范中心。其中"化工产品全生命周期虚拟仿真实验教学中心"成立于2012年，并于2015年投入使用。在化工领域专业知识的教学方面，学生可以通过该实验教学中心，体验真实的产品生产构架，在此基础上体验学校为学生提供的虚拟化工产品生产场景和环境，训练学生在此环

---

① 北京化工大学. 校务（信息）公开网［EB/OL］.［2020-08-09］. https：xxgk. buct. edu. cn/2017/0418/c2794a39593/page. htm.

境下完成生产化工产品的一系列操作，最终将产品推向市场。此外，为培养学生的创新能力，学校还建立了两个北京高等学校示范性校内创新实践基地："大化工"类学生校内创新实践基地与"高分子材料与工程人才培养"校内创新实践基地。学校本着"互利共赢"的原则，通过与企业签署联合培养项目展开对学生的综合培养。其中包括中国石油天然气股份有限公司吉林石化分公司、中国石油化工股份有限公司北京燕山分公司等多家企业，并有 12 家企业获批国家级大学生校外实践教育基地，5 家企业获批北京市高等学校市级校外人才培养基地，充分满足学生生产实习的需求。学校积极探索与校外企业建立新型合作培养模式，重视学生与企业间的相互了解和选择，从而使学生能够在课堂之外实际接触到真正的企业工程实践和工作项目。企业对实习学生一视同仁，与本企业员工分发相同的工资，为学生提供足够动力完成相关工作，促进学生实践能力的提高。通过建立优秀毕业生的预约机制，在缓解毕业生就业压力的同时，也能够为企业吸收优秀人才拓宽途径。

5.3.3 特 点

5.3.3.1 以"大化工"理念培育卓越工程人才

为应对国家经济转型对创新工程人才的迫切需要的形势，北京化工大学不断完善高素质工程创新人才培养体系，明确提出以"理论为基础、实践为根本、素质为核心"的工程教育理念，始终把真实的工程体验融入工程教育全过程。学校以"大工程观"为引领，以"大化工"为特色①，并紧紧围绕这一理念开展人才培养。通过探索和创新，将学生在面对和处理复杂工程问题的真实体验融入工程教育和教学中，从而加强学生在未来能更好地应对此类问题的能力。同时，学校成立侯德榜工程师学院，旨在整合学校优势工程资源，打破专业设置屏障，以多学科交叉融合为手段，在"大化工"领域中培养具有高水平行业知识，并能够综合运用所学知识与信息化技术来实现信息改造的领军人才。为培养具有国际化视野的高端

---

① 苏海佳，张婷，刘骥翔，等. 基于多学科交叉融合的大化工卓越工程人才培养模式实践探索［J］. 北京教育（高教版），2019（5）：42－44.

工程人才，建立"大化工"国际品牌，北京化工大学引进法国先进的工程教育理念，并将其作为工程教育改革的试验区，率先实施工程教育本硕贯通培养机制。

5.3.3.2 通过跨学科建设培育复合型人才

进行学科交叉、融合激发创新创造能力成为培养创新创业型工程人才的必要条件，同时也是新工科建设中改革传统单一化人才培养模式的必然要求。学生根据学校的培养方案，应做到在本科期间，能够系统掌握所学知识并培养交叉运用各学科知识的能力，从而在应对复杂环境工程问题时提出建设性的解决方案。同时，为促进学科之间的交叉、渗透和融合，着力培养学生的创新能力和实践动手能力，北京化工大学实施了"学科交叉人才培养计划"。2013 年，北京化工大学开始启动"学科交叉班"项目。"学科交叉人才培养计划"实行"学院制"与"科研团队指导制"相结合的培养模式。"学科交叉班"招生对象为全校各专业的大二、大三本科生，并且学生来自至少 3 个不同的学院，以保证学生个体培养的交叉性以及整个团队构成的交叉性。学生本科阶段的学籍保留在原学院和原专业，学生必须完成所在专业培养计划规定的必修课程，专业内计划及学籍管理则由原学院负责①。

5.3.3.3 多途径推进化工教育国际化

目前，新工业革命时代已来临，需要更多的国际化工程人才。北京化工大学采取多种形式培养国际化工程人才，通过国际化教学、国际化课程、出国深造等方式开阔未来化工储备人才的国际视野，为学生带来国际前沿知识成果。学校通过与国际知名大学建立学术与技术交流平台、拓宽国际交流渠道、开展国际交换项目，以增强学生在毕业后的国际竞争力。学校立足于培养"大化工"高端工程人才，在与法国合办的"北京化工大学巴黎居里工程师学院"中引进法国工程师预科教育体系，在数学、物理、化学专业领域实行大平台教学制度，利用法国院校在现代化工工艺、仿真计算、工艺模拟、绿色化工以及能源优化等领域世界领先的优势，教

---

① 北京化工大学 . 学科交叉班简介 ［EB/OL］. ［2021 - 10 - 29］. https：//jiaowuchu. buct. edu. cn/2014/0923/c617a17001/page. htm.

授学生以世界最先进的技术知识，使学生有宽阔的眼界和灵活的思路。化学工程学院还新增化学工程与技术英才实验班，为学生提供国际化课程、配备国际化教师队伍，通过与国际接轨的学制模式培养国际化化工英才。此外，化学工程学院面向学院所有学生开设了涉及绿色化工（2017年加入此门课程）、人工智能及其应用、社会工作与社会服务、工程师沟通技巧等20余门国际化课程，以提升学生的全球化视野，培育国际化化工人才。

5.3.3.4 优化师资队伍

师资队伍是教育质量的重要保障，是人才培养的重要支撑条件之一，教师的工程专业知识与工程实践能力是高校共同关注的问题。针对工科教师非工化、教师自身工程实践能力不强等问题，为加强师资队伍建设，培育优质的师资力量，北京化工大学进行了一系列改革。

（1）对新入职教师提出高要求。学校编订"化学工程学院新入职教师从事本科课程教学的准入制度"，要求新入职教师参加由"高校教师教学发展中心"和"北京化工大学教师发展中心"组织的各类培训，只有教育教学基本素质和能力测试合格，方能进行助课。所有新入职教师须在两年内提出助课申请，且完成一轮由学院指定的专业核心课程的助课工作。新入职教师助课合格，且获得高等学校教师资格证后，方可承担本科课程的课堂教学任务。

（2）教授要为本科生授课。教授、副教授每学年至少要为本科生讲授一门课程，每年不少于32学时。学院将为本科生上课作为教授、副教授聘任的基本条件，并将教授、副教授在聘期内是否完成规定的本科课程讲授任务作为岗位考核、绩效考核、职务晋升和评优评先的依据。

（3）改变工科教师非工化问题。学校重点提出，讲授化工原理、化学反应工程、化工热力学、化工设计等课程的教师，应具有化工类专业学士学位；讲授化工和能源专业核心理论课的教师，应具有化工类专业学士学位，或化学工程与技术一级或二级学科的硕士/博士学位；讲授环境专业主干课的教师，其本科和研究生所学专业中，至少其一是环境工程类学科专业，以此着力解决化工教师非工化问题。同时，学校也对任课教师的遴选程序、任课职责、停课程序做出明确的规定。

（4）注重教师教学能力的培养。北京化工大学十分重视学校教师的能力发展，于2013年成立教师发展中心。该中心注重创造充分交流、相互合作、资源共享的教师发展环境，促进教师在综合能力素质、教学科研水平、交流合作拓展等方面的提升，培养教师的创新精神和创新能力，提高教师队伍的整体发展能力。同时，学院注重以老带新，发挥教学"传、帮、带"作用，新入职的教师通过助课工作，以及在主讲教师的指导下讲授实验课及习题课，逐步提高教学能力和教学水平。在教师的教学评价中也会纳入学生意见，并组织专家听课，根据专家意见以及学生评价对新入职教师进行考评。

5.3.4 启 示

北京化工大学作为老牌化工领域优势高校，面对新形势，积极革新化工人才培养模式，在培养目标、课程体系、办学模式、师资队伍建设等方面做出新的探索，对我国工程教育改革具有一定的借鉴意义。

5.3.4.1 学校层面建立育人保障体制

教育教学的改革由学校管理团队牵头是改革成功的关键要素之一，领导的重视是推进改革的重要力量，甚至直接影响改革的成效。北京化工大学在领导层面十分重视工程人才培养改革，在学校自上而下地全面推进工程教育内涵式发展。为确保"卓越工程师教育培养计划"的贯彻落实，学校制定《北京化工大学"卓越工程师教育培养计划"实施管理办法》，不仅成立了校、院两级的领导小组和工作小组，而且成立了以"卓越工程师教育培养计划"责任教授为主任委员的专家委员会，负责审定"卓越工程师教育培养计划"培养方案及教学计划，并监督教学工作的实施与质量评价。此外，为积极推动新工科建设，学校成立以校长为组长的新工科建设领导小组，制定《北京化工大学推进"新工科"建设的工作方案》，加强顶层设计和政策保障。相继启动两批新工科研究与实践校级教改项目的立项工作，5个校级专项教改项目、1个校级培育项目、50个校级普通教改项目完成立项①。

5.3.4.2　注重交流合作

　　学校应突破社会参与高校人才培养的藩篱，深入推进校企合作、产学研融合、科教结合。可以采用校企联盟、高校合作、政府高校共建等多种方式加强学生的实习实践，建立多层次、多领域、宽方向的校企合作模式，推进合作育人、合作办学、合作就业等相关项目，实现双方的合作共赢。同时，高校应实现开放式人才培养，在培养方案的制定、课程建设、学生实践教学环节、毕业实践环节等融入企业的指导意见，实现以学生为中心、以产业为导向的人才培养模式。此外，随着国际化、全球化的发展，工程教育面临日趋激烈的国际竞争的巨大挑战。要实现我国由高等工程教育大国向强国转变的战略目标，不能忽视对外交流合作，以提升工程教育的国际化水平，培育具有国际竞争力的工程科技人才，可以通过合作办学、假期国外交流项目、双语授课、聘请外教等形式加强国际交流。

5.3.4.3　学科交叉融合培养

　　21 世纪是一个创新的时代，为解决社会高速发展过程中所产生的各类工程实践问题，我们迫切需要通过创新来对工程实践活动进行调整和优化。工程师作为促使社会前进的引领者，他们不仅要具备综观全局的能力，能够与不同学科的人并肩合作，更需要具备哲学思维、人文知识和企业家精神，能够提出创新性的解决方案。高校要完善学科交叉的体制机制，构建学科交叉人才培养体系，建立具有创新性的学科交叉培养项目，努力培育工程科技领域的创新人才②。例如，通过开展跨学科课程、跨学科学位项目、跨学科竞赛、跨学科的科研实践活动等，全方面、多方位地提升学生的综合素质，使其成为社会的优秀建设者和伟大工程师的接班人。

---

　　① 北京化工大学. 教学基地［EB/OL］.［2020－08－09］. https：//jiaowuchu. buct. edu. cn/512/list. htm.

　　② 邱勇. 我们需要什么样的工程教育［EB/OL］.［2020－08－09］. https：//news. gmw. cn/2018－09/30/content_31452376. htm.

5.4 安徽工业大学冶金工程专业

安徽工业大学始建于 1958 年，是一所以工科为主、行业特色鲜明的多科性大学，是中华人民共和国科技部与安徽省政府联动支持高校、"中西部高校基础能力建设工程"项目实施高校、全国创新创业典型经验 50 强高校、教育部"卓越工程师教育培养计划"高校和安徽省"地方特色高水平大学"建设高校。冶金工程学科是中华人民共和国原冶金工业部在华东地区设立的重点建设学科，1990 年钢铁冶金二级学科获批硕士学位授予权，1997 年钢铁冶金学科获批中华人民共和国原冶金工业部重点学科，1998 年学校实行"中央与地方共建、以安徽省管理为主"的管理体制后，钢铁冶金学科于 2001 年成为安徽省重点学科，2005 年冶金工程一级学科获批硕士学位授予权，2008 年获批安徽省重中之重学科，入选国家级特色专业建设点，2013 年获博士学位授予权，2014 年设立博士后科研流动站，并获批国家级专业综合改革试点，2015 年顺利通过工程教育专业认证，2018 年通过第二轮工程教育专业认证，所属的工程学、材料学学科进入了全球 ESI（基本科学指标）排名前 1%，2019 年冶金工程"软科"排名国内第 8 名。

5.4.1 培养愿景

安徽工业大学冶金工程专业的培养愿景是围绕国家、区域经济和行业发展的重大战略，瞄准冶金学科前沿，强化钢铁冶金特色，拓展有色冶金方向，推动冶金资源的清洁高效与综合利用，以基础理论和共性技术为突破口，通过与材料、能源、电气、计算机等相关学科的融合，提升本学科在节能减排、冶金新工艺与新技术、智能制造和高品质钢冶炼、稀贵金属提取等方面的核心竞争力。同时，立足华东地区，辐射全国冶金行业，满足行业发展、转型、升级的需求，成为华东地区冶金行业高层次人才培养、高科技成果转化和社会服务的基地；集聚一批在国内外有较大影响力的学科带头人，建设高素质的学科梯队，使学科整体上进入国内第一方阵。

安徽工业大学冶金工程专业的人才培养目标：培养具有严谨求实的科

学态度和工作作风、扎实的专业基础、较强的终身学习能力和学习意识，了解冶金学科的技术现状和发展趋势，能分析和解决复杂工程问题，胜任冶金工程领域的科学研究或专门技术开发或技术管理工作，具有民族精神和社会责任感、"工匠精神"和创新创业能力的高层次技术人才。

5.4.2　改革举措

5.4.2.1　探索开放多元的课程评价体系

在课程评价体系方面，安徽工业大学建立健全教学监督、评价和考核制度；加强对学生学习的督促检查和动态管理；针对不同的专业课程采取不同的考核方式，强调过程考核（表 5-6）。

表 5-6　课程考核方式

评估目标	评估内容及方式	评估人	评估周期	形成的记录文档
专业水平	评价内容：通识教育平台上所有课程内容学习概况。 评价方式：作业，实验报告，考查，考试	通识课教师 实验指导教师	每学年	作业，试卷，实验报告
	评价内容：学科基础平台上所有课程学习概况。 评价方式：作业，实验报告，考查，考试	专业课教师 实验指导教师	每学年	作业，试卷，实验报告
	评价内容：专业教育平台上所有课程学习概况。 评价方式：作业，实验报告，图纸，设计说明书	实验指导教师 专业课教师	每学年	作业，试卷，实验报告，毕业论文，设计说明书，图纸
专业能力	评价内容：实践教学和创新活动平台上所有课程内容学习概况。 评价方式：实验报告，实习报告，研究报告，考试，毕业设计（论文）	实验指导教师 兼职教师 答辩小组	每学年	实验报告，实习报告，毕业论文，设计说明书，图纸
社会能力	评价内容：素质拓展平台上所有课程内容学习概况。 评价方式：各类竞赛申报书及说明书，答辩，报告	实验指导教师 答辩小组 评阅人	每学年	相关说明书，作品

5.4.2.2 通过科研活动提升科研能力和学术素养

安徽工业大学坚持基于科研反哺教学的创新人才培养模式，通过完善评价机制、强化科研训练、加强制度保障等措施践行科研育人的理念，使得学生科研能力和学术素养不断提高，创新型人才培养质量显著提升。同时，加强产学研合作和科学研究，提升高水平科研成果产出。学校密切与相关企业、高校合作，提升承担国家级重点、重大项目以及重大产学研合作项目的能力，加大科技成果的转化力度，进一步总结、凝练，形成高水平科研成果。

5.4.2.3 坚持"教学-科研"一体化等培养模式

安徽工业大学以"教学-科研"一体化、培养模式多元化、学科视野国际化为抓手，着力搭建"课堂-实验室"理论实践平台、"专业课程-课题项目"科研实训平台、"学校-企业"生产实习平台为路径的"一主、三化、三平台"新时代冶金工程专业复合型人才培养路径。同时，学校重视科研反哺教学，科研案例式教学贯穿整个课程。

当前，面向新经济的中国钢铁业正在发生着深刻变化。传统的冶金工程专业面向新经济的发展需要升级改造，从而培养出适应这种新业态、能解决复杂工程问题的复合型人才。安徽工业大学贯彻立德树人的理念，以学生为中心，以需求为导向，以课程教学实现对毕业要求的支撑，努力践行"科研育人"的理念，全力助推新工科背景下冶金人才高质量培养。

5.4.2.4 加强国际交流合作，提升人才培养国际化水平

安徽工业大学冶金工程学科不断推进与生物质冶金与绿色化工中加国际联合实验室、中晟工程技术有限公司、印度金德尔大学、绿色冶金与钢铁智能制造中印国际联合研发中心的合作，提升学科在相关领域的研发能力和国际合作水平。同时，学校加强研究生学术交流活动，尤其是通过参加国际学术会议活动，促进研究生培养的国际化。

5.4.2.5 加强支撑平台建设，搭建多元化实验实训平台

安徽工业大学冶金工程学科目前拥有国家和省部两级教学、科研和创新平台/项目共20个，依托但不限于这些平台和项目，为冶金工程学科的人才培养、科学研究提供了有力支撑。同时，学校建立了冶金过程仿真实训基地，包括13个含有钢铁冶金全流程13道工序和有色冶金流程2道工

序的仿真模拟系统、22 个冶金虚拟教学系统、5 个钢铁生产工序的虚拟现实体验和 1 个冶金生产数据远程交互中心,其中冶金生产数据远程交互中心是目前同类仿真基地中唯一一个可以实现与钢铁企业生产现场进行数据实时同步传输与交换的系统。

学校的实验实训教学体系设计采用"六层次"理念,融入教师的最新科研项目研究成果,形成涵盖基础型、应用型、综合型、设计型、工程型、创新型的实验实训教学体系;教学方式和内容实现"三转变",即实验辅导转变为实验引导、静态实验转变为动态实验、面向结果转变为面向过程;教学过程采用启发、讨论和互动式教学,引导学生积极思考、主动探索,注重科学思维和科学方法的训练。

5.4.2.6 积极推进大学生参与创新创业项目

在 40 学时的创造学和创新能力开发课程之外,安徽工业大学冶金工程学院成立了大学生创新教育活动指导小组,积极鼓励学生申报各类型的大学生创新创业项目,并组织专业课教师对学生的各类创新活动进行指导。学校坚持创意促进创新、创新引领创业、创业带动就业、创客实践就业,主动适应经济发展新常态;加强大学生创新创业创客工作,促进课堂教学、科学研究与创新创业创客三结合,把大学生创新创业创客教育融入学校人才培养的全过程;激发学生的创意思维、创新精神、创业意识、创客实践,增强大学生创新创业创客能力,提升学生综合能力,实现创新创业创客"三创"融合。

5.4.3 特 点

5.4.3.1 引进工程化人才覆盖学科全流程

安徽工业大学冶金工程学院根据自身学科定位和特点,加大具有工程化背景的学术领军人才引进力度。其先后引进了一批矿物加工工程、炼铁、炼钢、连铸、轧钢、有色冶金和冶金资源循环利用专家,实现了学术领军人物从矿石—冶炼—成型—资源回收的全流程覆盖,并形成了不同研究方向的团队。

5.4.3.2 产教融合、校企合作培养冶金高技能人才

冶金工程作为安徽工业大学办学历史最长的特色优势学科专业,自

1977年就开始独立培养冶金类本科生，1992年开始独立培养硕士研究生等高素质专业技术人才，2014年开始独立培养博士研究生。2017年10月国务院办公厅印发《关于深化产教融合的若干意见》，明确了产教融合供需对接"四位一体"制度架构，推动产教融合从发展理念向制度供给落地。党的十九大报告也指出，要深化产教融合、校企合作。因此，安徽工业大学利用冶金工程专业在钢铁冶金领域人才培养的优势，在积极开展产学研合作的同时，不断提升为冶金企业服务的能力，始终坚持产教融合理念，从技术培训到定向培养，从独立培养到引企入教，基于校企合作开展了不同层次和类型的技能型人才培养。进入21世纪，中国最大的国际化钢铁企业中国宝武钢铁集团有限公司与安徽工业大学合作，开展产教融合，实施"1+2"双元制订单式人才培养模式，专为企业主要生产岗位培养黑色冶金技术和金属压力加工两个专业的技能型人才，铸就蓝领精英。

5.4.3.3 全方位的人才引进

（1）科学定位，精准引进。安徽工业大学冶金工程学院在学校功能定位的基础上，结合实际和学科发展需要，明确引入人才的目标任务、重点领域和优先次序，并经教授委员会充分论证，确定人才引进类型和实际岗位，加大具有工程经验或海外背景人才的引进力度，实现精准引进。

（2）引培结合，打造团队。为加强和延续学科的生命力，安徽工业大学冶金工程学院在加大引进各学科方向领军人才的同时，注重人才培养工作，精心打造引进人才与原有人才真诚合作的优秀团队，创建年龄与知识结构合理的人才梯队，形成配合默契的科研教学团队。

（3）创新机制，营造氛围。安徽工业大学冶金工程学院健全人才管理体制，统筹协调人才科研经费、研究生招生指标、人才福利待遇、住房和办公条件等落实情况；结合人才成长规律，设置合理的人才评价周期和考核办法，实行高层次人才薪酬与工作业绩挂钩的分配政策，使其付出得到应有的回报，完善人才分类评价体系；创造良好的用才环境、科研环境和生活环境，造就令人满意的归属感。

5.4.3.4 立足学科特点，建设一套完整的学科竞赛体系

安徽工业大学冶金工程学科的培养将创新创业教育有效融入课堂教

学，并基于科研软硬件平台，发挥专业特色，选择其中关键工艺环节全面开展工艺革新、节能减排、环保新技术、重大装备改进、资源综合利用等科技创新活动，激发学生的创新思维，并积极进行创新创业训练，形成了一套完整的学科竞赛体系。学校采取重点突破的做法，主要围绕"挑战杯"竞赛、节能减排大赛、大学生创业创新训练项目等开展科技创新创业活动，从而多位一体，统筹联建，整体推进，锻炼大学生创新创业的各项能力。在科技创新活动中，学校注重以引导学生为主，同时又将科技创新活动与学生自身的发展积极挂钩，给学生适当发放科研津贴，形成合理的激励机制。

5.4.4　启　示

5.4.4.1　坚持以本为本，提升教育质量

安徽工业大学冶金工程专业人才的培养，注重在教学过程中转变思想，树立新时代冶金工程专业复合型人才培养理念，紧密结合新时代对学生综合素质发展的需求，以强化复合型人才培养方式为主线，形成了"一年级培养兴趣打基础、二年级集中培训提能力、三年级重点组队练实战、四年级服务社会谋创业"的冶金工程大学生创新创业教育模式，且逐步在校内外推广。在这种模式下，学生的获得感明显提升，每年有多名本科生保送为该校科研团队的研究生，提前进入实验室进行科研训练。

5.4.4.2　建设高水平的指导教师队伍，为创新创业活动提供智力支持

创新创业教育师资紧缺，又面临着巨大的需求。安徽工业大学冶金工程专业的教师在完成本职工作的基础上，主动承担起学生的创新创业创客教育，积极为学生提供创新思路与研究经费，驱动学生自主参与创新创业创客活动。

同时，教师组织学生参与专利学习，修改专利申请文件，带领学生开展科研活动；吸收本科生参加自己的科研项目，并指导学生参加科技竞赛，从而为科技创新创业活动提供智力支持。

5.4.4.3　培养具有进取精神的学生梯队，为创新创业活动储备优秀人才

在科技创新活动中，安徽工业大学冶金工程专业人才的培养，注重面

向学生、点面结合、重点突破。根据不同的科研活动特点采取不同的组织方式，建立不同的科技活动小组和科技活动梯队，并实施学生梯队"传、帮、带"的创新创业培养模式，从而最大限度地吸引感兴趣的学生参加科技创新活动。

学科教师通过创新课程教学与实践，培养学生的创新意识和创造性思维，开发创造潜力；通过开展大学生创新能力训练营、大学生专利培训班和大学生创业模拟实训，提高学生的创新创业创客能力；通过"三创"项目资助和孵化，使学生"在做中学、在学中做"；通过自身引导和利用榜样的作用进行言传身教，进一步提高教师和学生的"三创"能力。

5.4.4.4 推广校企合作人才培养模式

安徽工业大学校企合作人才培养模式的推广获得了良好的效果和社会声誉，已经受到其他钢铁企业的关注。江苏省、浙江省、安徽省的多家企业希望复制"宝钢班"的模式，实施"2+1"模式，第一、第二年在安徽工业大学学习基础理论知识和专业知识，第三年在钢铁企业相关岗位顶岗实习，毕业后直接到企业主要生产岗位就业。该经验可进一步向冶金行业其他单位以及其他专业和行业推广，扩大产教融合校企合作培养人才的范围。

6 流程工业工程科技人才培养国外高校案例研究

本章选取 MIT 化工专业、佐治亚理工学院化工专业、科罗拉多矿业大学石油工程专业、得州农工大学石油工程专业、昆士兰大学化学-冶金工程双专业以及科罗拉多矿业大学冶金工程专业作为国外高校案例研究对象，对案例专业的培养愿景、目标和举措进行详细介绍，总结培养特色，并提出可供借鉴的经验。

6.1 MIT 化工专业

过去传统上与燃料和能源系统紧密相关的化学工程，如今正引领医药、生物技术、微电子、环境等领域的新发展。MIT 化学工程系不仅为该领域的教学和研究设定了标准，而且还持续重新定义了该学科的前沿领域。为培养能在产业界、学术界和政府起领导作用的化工专业人才，MIT 在本科生教育阶段同时重视专业教育与通识教育，打造与时代接轨的宽知识面和扎实基础的课程体系；顺应学科交叉融合趋势，提供灵活的专业选择，注重个性化人才培养；多途径鼓励学生参与科研，提高学生实践能力；开展职业教育，加强在职人员的可持续成长能力，以及为致力于教学事业的学生开设教育教学课程。

6.1.1 背景介绍

自 1861 年成立以来，工程教育一直是 MIT 的核心使命。MIT 以动态的、不断变化的科学为基础，开创了当代工程教育的诸多模式。MIT 的工程教育以注重动手能力著称。1916 年，MIT 创建了第一个工业实习计划。在过去的几十年中，MIT 工程学院发起了许多开拓性计划，其中很多是与行业合作的计划，例如，全球运营领导者（1988）、系统设计和管理（1997）、德什潘德技术创新中心（2001）、本科实践机会计划（2001）、伯纳德·M. 戈登–MIT 工程领导力计划（2008）、MIT 和 edX①（2011）、SuperUROP（2012）、StartMIT（2014）、MIT 沙箱创新基金计划（2016），以及新工程教育转型计划（2017）等。

MIT 化学工程系连续 10 年在 QS 世界大学排名②中位列第一，至 2020 年，在《美国新闻与世界报道》上已连续 32 年蝉联美国化学工程系研究生和本科生课程的最高奖项。MIT 高质量的课程设置与准确全面的人才培养目标不可分割。在教育领域，MIT 旨在提供学术课程，使学生掌握物理、化学和生物过程、工程设计和综合技能；搭建创造性地设计并解决复杂问题的平台，如将分子信息转化为新产品和新工艺等。在科研领域，MIT 开拓充满活力的跨学科研究项目，吸引优秀的年轻人；通过与化学、生物学和材料科学的交互，引领工程科学和设计变革的方向。在社会责任方面，MIT 致力于解决全球经济和人类社会的科学技术需求，培养在科学和技术发展中发挥积极有力的领导作用的优秀人才。③

6.1.2 培养措施

6.1.2.1 通识课程建设

就社会的长远福祉而言，工程领域面临着比以往更大的挑战和机遇。科学技术的巨大影响导致社会对工程专业毕业生的需求不断增长，工程师在科学和技术创新中起到的核心作用使之逐渐成为社会发展的坚实支柱。在物理、经济、人类、政治、法律和文化交织的现实背景下，为解决世界面临的困难与挑战，提高工程教育的质量便成为一项极为有

① edX 即大规模开放在线课堂平台。

② QS 即夸夸利雷·西蒙兹公司（Quacquarelli Symonds），该排名即 QS 所发表的年度世界大学排名。

③ MIT. Mission – MIT Chemical Engineering.［EB/OL］.［2020 – 07 – 13］. https：// cheme. mit. edu/about/mission/.

意义的工作。

MIT 的工程教育旨在让学生掌握扎实的基本原理，了解自然和社会现象的发展，养成持续学习的习惯以及掌握系统的学习方法。MIT 的本科学术课程是在校级必修课（GIRs）的基础上，结合各系要求开设特定的专业课程。校级必修课是 MIT 通识教育集大成之处，旨在为学生打造坚实的学习基础。MIT 的校级必修课包括 6 门科学必修课，8 门人文、艺术和社会科学（HASS）必修课（至少 2 门沟通技巧课程 CI－H），2 门科学与技术（REST）限选课，1 门实验课和 4 门体育课。

MIT 的沟通技巧课程旨在有效训练学生的写作和口语表达能力。沟通技巧课程要求所有本科生在一般性说明文写作和口语及其专业领域的演讲等方面接受大量的指导和实践、学习口头和书面沟通技巧。这些课程贯穿于学生的整个大学生涯中，包括 4 门沟通强化（CI）课程，学生会在人文、艺术和社会科学领域中选择 2 门 CI 课程（CI－H）（会有重叠部分），在其专业课程中选择 2 门 CI 课程（CI－M）。学生必须以最慢的速度完成 CI 课程，以保持良好的沟通要求。他们必须在第一年年底之前完成其中 1 门 CI 课程，在第二年年底之前完成 2 门 CI 课程，在第三年年底之前完成 3 门 CI 课程，并且在毕业之前完成 4 门 CI 课程。

为获得本科学士学位，学生必须完成至少 8 门人文、艺术和社会科学科目的课程，包括分配（Distribution）课程和集中（Concentration）课程。HASS 科目课程如表 6－1 所示。HASS 课程设置要求学生能够加深对各种文化和学科领域知识的理解，了解人类文化的过去和现在，以及它们相互影响的方式；对构成人类活动基础的概念、思想和思想体系有全面的认识；了解不同社会的政治和经济框架；对艺术中的交流方式和自我表现保持敏感。[①] 该课程使学生始终熏陶在艺术和人文氛围环境中，帮助学生广泛了解人类社会的传统和制度。

---

① MIT. General Institute Requirements ［EB/OL］. ［2020－07－13］. http：//catalog. mit. edu/mit/undergraduate-education/general-institute-requirements/#hassrequirementtext.

表 6 - 1　HASS 科目课程

课　程	要　求	具　体　内　容
分配课程	从指定类别的 8 门学科中选择 3 门：人文、艺术和社会科学	人文学科：描述和解释人类在个人以及社会层面上的成就、问题和历史变迁。历史、文学和哲学等学科通常会对文本和思想（当代和历史、个人和公共、想象力和反思性）进行仔细分析。 艺术学科：强调通过图像、文字、声音和动作展示所涉及的熟练手艺、做法和卓越标准。尽管艺术学科也参与批判性解释和历史分析，但它们更集中地关注表现力和美学技术与工具，如节奏、质感和线条的使用等。 社会科学学科：从事理论驱动以及对人类交往的实证探索和分析，涉及个人、团体、组织、机构和国家的心理和行为活动。例如，人类学、经济学、语言学、政治学和心理学，寻求对人类互动的普遍解释。 开设超过 600 门课程以满足此学分要求
集中课程	通过咨询指定的顾问，每位学生不迟于大二第二学期的第一周结束时提交一份"集中课程计划表"，由三个或四个科目组成	重点领域：非洲和非洲散居研究，美国研究，古代和中世纪研究，人类学，考古与考古科学，艺术、文化和技术，亚洲和亚洲侨民研究，比较媒体研究，计算与社会，发展经济学，经济学，伦理，全球研究与语言（汉语、法语、德语、日语、葡萄牙语、俄语、西班牙等其他语言），国际文学与文化研究，语言理论，历史，建筑，艺术和设计史，法律研究，语言学，文学，中东研究，音乐，哲学，政治学，宗教研究，俄罗斯和欧亚研究，科学、技术与社会，戏剧艺术，城市研究，女性和性别研究，写作
其他选修课	除分配和集中课程外，其余 8 门科目要求可以由任何分配类别的科目或指定为 HASS 选修科目来满足	—

　　GIRs 课程强调扎实的科学基础，除了 6 门基础科学课程，还有 2 门选修课和 1 门实验课。[①] 科学必修课涵盖数学、物理、化学和生物四大类，

---

① 李好. 麻省理工学院 HASS 课程体系研究 [D]. 长沙：湖南师范大学，2014.

从 20 门课程中选 6 门课程进行学习。REST 课程涉及更宽泛的主体，从 54 门课程中选择 2 门，为学生提供较大的选择空间。其中部分课程旨在系统介绍一个领域的基本概念和原理；其他课程则通过示例说明该领域专业工作的关注点和方法。通常，REST 课程不是以讲解专业知识或完成特定技能的指导为目的，而主要是为了吸引学生的兴趣，为其之后的专业学习做好铺垫。通过 REST 课程，学生可以从大学一年级课程开始奠定和加强科学基础，并进一步理解科学探究，同时也有助于为学生提供在已经研究的领域中继续深造，或探索其他可能感兴趣领域的机会。具体 REST 科目课程见本章 6.1 节后附录 1。研究所实验室课程共有 59 个实验主题供学生选择。在教师的监督下，学生负责计划和设计实验或项目，包括选择测量技术、执行计划、分析结果并提出结论。在这些实验中，教授特定的技术并不是重点，其目的是激发学生科研、计划和观察分析的潜力。

6.1.2.2 专业课程建设

从纵向来看，MIT 所有本科生的第一年课程都包括物理、化学、数学和生物，以及人文、艺术和社会科学，学生需要从相应课程中进行选修。在第一年，MIT 鼓励想要探索工程专业的学生参与工程学院各系开设的课程。每个系都开设了具有专业特色的课程，并举办新生咨询研讨会（First - Year Advising Seminars），向一年级学生介绍工程专业，将学生们分成小组，与专业教师讨论他们欲选择的领域。通常，本科生会在二年级选择某个特定的系或专业，并与该系或专业的顾问紧密联系，以制定相应的课程计划。二年级学生通常会继续学习符合院系要求的通识课程，并开始攻读专业课程。在第三和第四年，学生的主要任务便是完成专业课程的学习。

从横向来看，MIT 化学工程系设有四个本科专业（表 6 - 2）。专业 10 为学生提供化学工程理学学士学位，其课程给予了毕业生广泛的职业发展方向。专业 10 - B 提供化学生物学工程学学士学位，是在以基础工程为核心的专业 10 学位的基础上，增加了基础生物学和应用生物学。专业 10 - ENG 提供工学学士学位，以技术专业领域的化学工程基础为补充。专业 10 - C 没有特定专业要求即可取得理学学士学位，该非认证（未通过 ABET①）学位所要求的化学工程学科知识较少。本科生可以在高年级学习研究生课程，并鼓励本科生参与科学研究。

表 6-2　MIT 化学工程系四个专业概况

专业 10：化学工程理学学士学位	专业 10-B：化学生物学工程学学士学位	专业 10-ENG：工学学士学位	专业 10-C：理学学士学位
本专业为对化学工程在能源与环境、纳米科技、聚合物与胶体、表面科学、催化与反应工程、系统与工艺设计及生物科技等领域的广泛应用感兴趣的学生而设。课程要求包括以化学为重点的核心化学工程课程	本专业为对化学工程在生化及生物医学技术领域的应用特别感兴趣的学生而设。课程要求包括化学工程的核心课程以及生物科学和应用生物学的附加课程，为考虑生物医学工程辅修或考虑进入医学院深造的学生准备	这个灵活的专业整合了传统化学工程项目的许多核心组成部分，同时为该领域的特定相关领域提供集中课程，可以根据学院各院系提供的一系列课程进行设计。学生可以从 8 个已确定的专业（生物医学，能源，计算，环境，制造设计，材料过程与设计，过程数据分析，社会、工程和伦理学）中选择一个，或者和导师一起开发与自己的兴趣领域相关的课程	本专业为那些希望在不同的学术领域同时学习化学工程原理的学生而设。课程包括化学和化学工程的基础学科。一般，学生不会在这个领域继续深入学习，而是会在其他领域进行学习，如另一个工程学科、生物学、生物医学工程、经济学或管理学

资料来源：MIT. ChemE Undergraduate Programs [EB/OL]. [2020-07-13]. https://cheme. mit. edu/academics/undergraduate-students/undergraduate-programs/.

1888 年，麻省理工学院化学教授刘易斯·M. 诺顿（Lewis M. Norton）创建了专业 10（Course X），这是世界上第一个四年制化学工程学士学位。作为历史上最悠久的化学工程专业，其培养目标旨在通过科学和工程科学实践使学生肩负专业责任；创造性地运用化学和生物技术解决社会问题；鼓励学生不断自我完善和终身学习，以满足新兴行业和社会不断发展的需求。专业 10 校级必修课和专业 10 院系学位课程分别如表 6-3 和表 6-4 所示。

① Accreditation Board for Engineering and Technology（ABET），即工程技术评审委员会，是美国著名学科认证组织。

表6-3 专业10校级必修课

课 程 类 别	课程数量/门
科学必修课	6
人文、艺术和社会科学必修课（至少2门CI-H课程）	8
科学与技术限选课	2
实验课	1
总 计	17

资料来源：MIT. Chemical Engineering（Course 10）［EB/OL］.［2020-07-13］. http：//catalog. mit. edu/degree-charts/chemical-engineering-course-10/.

表6-4 专业10院系学位课程

	具 体 课 程	学 分
必修课	基础课程	
	有机化学Ⅰ	12
	化学实验	12
	热力学Ⅰ	6
	化学工程原理	12
	微分方程	12
	中级课程	
	化学和生物工程热力学	12
	流体力学	12
	运输过程	12
	任选一（无机化学原理Ⅰ、生物化学导论、有机化学Ⅱ、介绍光谱学和分子的电子结构、基础生物化学）	12
	任选一（化学工程项目实验室、能源工程项目实验室、化学生物工程实验室、生物工程项目实验室）	15
	高级课程	
	流程分离	6
	化学动力学和反应器设计	12
	综合化学工程	9
	任选二（化学工程综合专题Ⅰ、化学工程综合专题Ⅱ、化学工程综合专题Ⅲ）	12

续 表

	具 体 课 程	学 分
专业限选课（选1项）	选择1：一门化学工程至少9学分的课程+一门系实验室CI-M课程	21~24
	选择2：一门化学工程6学分的课程+一门实验分子生物学基础或应用分子生物学实验室CI-M课程	
自由选修课		48

资料来源：吴伟伟，程莹.MIT的化学工程教育：历史、现状与启示［J］.化工高等教育，2006（5）：76-80，28.

值得注意的是，化学工程系专业 10 的专业课程十分强调在工业环境中提出和分析化学工程问题，以结合技术、经济和社会观点的集成方法培养学生分析问题的能力。以跨院系联合课程"创新团队"（Innovation Teams）为例，该课程主要介绍解决现实世界中的问题及其所需的技能，不局限于实验室，而是在社会影响的背景下，研究技术和功能探索、机会发现、市场理解、价值经济学、规模扩大、知识产权以及跨学科交流影响等内容。学生在围绕 MIT 研究突破而组成的多学科团队中工作，并得到教师、实验室成员和导师的多重指导。

6.1.2.3　科研实践

MIT 的学生可以利用各种学术和研究机会来丰富他们的学术追求，包括专门为帮助一年级学生适应大学生活而设计的项目、参与合作研究的机会、全球学习项目和海外实习机会、波士顿地区其他学校的交叉注册选择等。

（1）独立活动期（IAP）。MIT 每学年分为四部分：秋季、春季、夏季和独立活动期。其中秋季和春季分别为 4 个月，夏季暑假 3 个月，IAP 为一月份的 4 周时间，是 MIT"4-1-4"学术日历的"1"部分。教师和学生在为期 4 周的时间内，可以从正规课程的严格限制中解脱出来，进行灵活的教学，开展自主学习和研究。

（2）本科生研究机会计划（UROP）。这是本科生广泛参与研究活动的途径之一，这些活动可在 MIT 的所有学术部门与跨学科的实验室和中心进行。1969 年，MIT 的玛格丽特（Margaret）教授创立了 UROP，它是一个以研究为基础的，本科生与教授进行智力协作的计划。① 通常学生在参加 UROP 时，同时为一位导师工作。本科生可以通过 UROP 探索新发现，进行创新。通过 UROP，本科生可以自愿参加学术研究以获得学分或薪资。学生参加标准研究活动的每个阶段包括：制定研究计划，撰写建议书，进行研究，分析数据以及以口头和书面形式展示研究结果。

（3）跨院系研究计划。在 MIT 工程学院内，学生可以制定符合自身学习能力和专业目标的课程。那些对跨院系研究计划感兴趣的学生可以了解各院系和跨学科研究计划，以获得在 MIT 的其他院系，或斯蒂芬·施瓦茨曼计算机学院与工程学院跨学科学习的机会。跨院系研究中心和实验室为教职员工、研究人员和研究机构提供进行合作研究的机会，并参与对社会具有重要意义的跨学科应用的教育计划。工程学院发挥主导作用的跨学科中心和实验室包括先进核能系统中心、计算工程中心、海洋工程中心、运输和物流中心、计算机科学和人工智能实验室等。

（4）埃杰顿（Edgerton）中心面向本科生和研究生，为学生提供参与动手项目、UROP 和其他活动的资源和机会；提供设备测试场地和进入金工车间的途径，安排实验室和工作室，安排计算机数控铣床、机床和 3D 打印机等各种培训；提供电子学导论、数码摄像和国际开发等课程；给予学生俱乐部和团队资金支持，以及管理和队伍协调等方面的支持，或是进行建议和鼓励。

（5）NEET 计划。该计划于 2017 年启动，以重新构造 MIT 的工程教育。NEET 计划致力于跨部门的、以项目为中心的综合学习，以培养学生必要的技能、知识和素质，应对 21 世纪带来的严峻挑战。NEET 计划的"线程"为学生提供了前所未有的机会，使他们能够沉浸于跨学科的项目中，同时获得所选专业的学位。目前有五个线程可供选择：先进材料机器、智能机器、数字城市、生命机器、可再生能源机器。学生从大二开始加入该项目，为期 3 年。需要指出的是，与辅修不同，NEET 计划是由工程学院管

① 吴艳阳，朱家文，武斌. 麻省理工学院（MIT）化学工程系本科生培养方案和课程设置 [J]. 化工高等教育，2015，32（3）：33-39.

理的一个认证项目。完成课程后，学生将获得 MIT 颁发的证书。NEET 计划具体介绍如表 6-5 所示，以其中一个线程"生命机器"为例（表 6-6）。

表 6-5　NEET 计划具体介绍

NEET 计划价值陈述	重视社区中的多样性和包容性，所有族裔、种族、性取向和性别、身体和心理能力以及背景的学生、教师和教职员工均被视为社区的重要成员而受到同等重视和珍惜。 重视本科工程和科学教育中的跨学科、基于项目的协作学习。 重视让学生有机会以与现实世界中的挑战相适应的方式学习发现和创造艺术，并得到 MIT 社区的讲师、教授和专家的支持。 重视培养学生成长为全球领导者、工程师和科学家所需要的态度和技能，并为社会做出贡献。 重视来自不同部门和学科的学生、教师和教职员工之间公开透明的沟通

表 6-6　"生命机器"线程

概述	通过各种生物技术创新将工程原理和概念应用于生命和医学领域的问题。作为"生命机器"学者，学生有机会从事跨合成生物学、免疫工程、组织工程、微流体学、计算生物学和其他研究领域的项目，这些项目以增进对人类疾病的理解和治疗为主题。该课程旨在使学生面对生物技术方面的前沿挑战，进行跨学科的团队合作
跨学科的核心	"生命机器"线程是以生物技术为中心的跨学科项目学徒制。技术进步通常需要来自科学、工程和设计领域的跨学科团队协同合作。每个团队成员都具有各自的学科技能，但必须与其他学科建立桥梁，这些学科具有不同的语义、共享的知识以及解决问题的方式。通过各种跨学科项目的学徒培训，"生命机器"线程为如何在此类项目中取得成功提供了结构化的经验
技术路线	学生一旦成为"生命机器"学者，就可以按照自己的节奏选择技术路线。线程要求是由特定的 MIT 教员制定的，他们是特定领域的国际领导者，同时还有行业合作伙伴，确保内容与行业的职业生涯相关。在 MIT，学生可以自主选择课程，以及自主决定如何将这些要求与原本的课程相结合
讲术语	通过与另一门工程学科建立一些领域知识，从而具有使用其他工程领域术语的能力，这是通过与来自不同科学和工程背景的学生和研究人员的不断互动来实现的
广度和深度	作为"生命机器"学者，将通过入门 20.051 课程以及 NEET 计划组织的众多活动来接触生物技术的各个领域。除了广度外，还可以通过证明自己是合成生物学、免疫学等领域的专家，来选择一个或多个技术领域，从而使学生成为特定行业职业、医学院和研究生院的极具吸引力的候选人

每个"生命机器"路线都有一组特定的要求，以确保多样性并为学生提供必需的专业技能（表6-7为其中一种路线的具体课程要求）。

表6-7 合成生物路线（Synthetic Biology Track）课程要求

学科要求（Subjects）		
20.051"生命机器"入门介绍		6学分
二选一	20.129/6.139 生物电路工程	12学分
	20.109 生物工程实验室基础知识	15学分
二选一	20.305/5.180 合成生物学原理	12学分
	2.180/6.027 生物分子反馈系统	12学分
知识多样性要求①（IDR）		6~12学分
沉浸式体验要求（Immersion）		
四选一	20.054+UROP	两个学期
	实习	8~10周
	高级论文	15学分
	iGEM②	
进修要求（Growth）		
"生命机器"活动		60HEQ（每HEQ约为1小时）
技术讲座		8次

注：① 了解自己以外的其他工程学科的思维过程和术语，参与所学专业之外的核心课程。
② International Genetically Engineered Machine Competition，是一年一度的全球合成生物学竞赛。由麻省理工学院于2003年创办，2005年发展为国际性学术竞赛。
资料来源：MIT. New Engineering Education Transformation Living Machines [EB/OL]. [2020-07-13]. https://neet.mit.edu/threads/lm.

6.1.2.4 职业教育课程

1. 在职人员

随着时代变化，知识创新日新月异。为帮助在职人员树立终身学习理念，不断提升自我，MIT开设了一项高级学习计划，为工业界和政府的专业人士提供参加MIT学分课程的机会，以进一步了解所需知识并促进自己的职业发展。在职人员依据自己的兴趣在全职或兼职的基础上参加一个或多个学期的化学工程相关课程，同时仍为公司做出贡献。与学位课程不同，该课程没有必修的课程。学生通过浏览 MIT 课程目录中符合自己兴趣和目标的课程来创建自定义的学习课程，然后通过该计划申请这些特定课程。同时，全球的管理人员和从业人员都可以参加由 MIT 专业教育短期课程计划提供的课程，以获取关键知识并掌握适用的技能。短期课程的参与者能够向 MIT 著名的教授学习，他们是从生物技术、能源到系统工程领域的领导者。暑期有为学生准备的短期课程，时间一般为 2~5 天，由 MIT 的教授开设，其中一些课程由化学工程系的成员完成。这些课程提供了一个从各自领域顶尖专家那里学习专业知识，并掌握关键知识和技能的机会。

2. 在校学生

学生可以利用课程来获得国际经验或教学资格证书。对小学或中学教学感兴趣的学生可以参加本科研究机会计划的职业教师证书计划。对于希望将教学视为职业（短期或长期）的学生，韦尔斯利·谢勒教师教育计划（STEP）会提供指导，以满足马萨诸塞州 STEM 学科教师资格认证的要求。对于准备在大学阶段任教的学生，以及希望将自己的工作应用于相关研究领域，如课程设计或教育技术的人来说，这些课程也是非常有用的。同时，行业内人员发现，STEP 训练也可以应用于员工发展、培训和公司内部指导等。

6.1.3　特色

6.1.3.1　通识教育与专业教育并重

MIT 同时重视通识教育与专业教育，这在其培养目标中可见一斑。在教育领域，MIT 提供学术课程，使学生掌握物理、化学和生物过程、工程设计和综合技能，培养创造性地设计并解决复杂问题的能力。在社会责任方面，MIT 又以培养学生促进解决世界面临的社会、政治、经济和环境问题的科学和技术能力为己任。为达到该愿景，需要的不只是学生的专业能力。当前跨学科、跨领域问题频出，只有拥有复合知识和正确工程伦理观的人才能掌握未来科研的走向。作为 MIT "校级公共必修课"的一部分，所有本科生都必须完成 HASS 要求。HASS 要求为学生提供在各种文化和学科领域加深通识背景、培养人文素质的机会。同时，这也是练习批判性思维、发展重要技能、尝试新事物的机会。

6.1.3.2　注重个性化培养

就化学工程系的学士学位层面而言，MIT 化学工程系有一个学位，即专业 10 - ENG。其培养目标是在掌握重要化学工程内容的同时，学习工程领域类课程，较深地理解与化工相关的跨学科领域。每年约有 8% ~ 10% 的本科生选择该专业，毕业生可获得"化学工程系推荐的工程科学学士学位"（S. B.），该学位已于 2014 年 7 月正式通过 ABET 认证。化学工程系是涉及大量跨学科工作的领域，该系的 10 - ENG 课程正是为应对不断变化的环境，并为满足大学生在化学工程教育中灵活选择的需求而开设的。以工程计算（Engineering Computation Concentration）集中课程为例，计算成为工程中越来越重要的工具，在解决许多工程问题的过程中，计算技术比实验更有效、更便宜，可以作为大多数实验的有用补充。计算通常用于提供超越纯粹实验研究的见解。该课程主要涵盖了工程计算的基本概念、技术、工具和应用。学院要求选择工程计算集中课程的学生从以下四个分类中选修四门课程，具体如表 6 - 8 所示。与此同时，尽管不做强制要求，但依然鼓励学生选修"计算化学"课程，以掌握化学工程中的计算方法。

表 6 - 8　工程计算集中课程

	课　程　名　称	学分	校级必修课 GIRs 中的类属
A. 程序设计导论	6. 00 计算机科学与编程入门	12	REST
	6. 0001 Python 中的计算机科学编程简介	6	
B. 计算数学（至少选择一项）	6. 042 ［J］计算机科学数学（需要选修过微积分 I）	12	REST
	18. 200/18. 200A 离散应用数学原理	15/12	

续　表

	课　程　名　称	学分	校级必修课GIRs中的类属
C. 应用简介（至少选择一项）	6.01 通过机器人技术介绍电气工程与计算机科学（需选修过 6.0001 或经指导员的允许）	12	LAB（实验课）
	6.02 通过通信网络介绍电气工程与计算机科学（需选修过 6.0001）	12	LAB
	6.03 通过医疗技术介绍电气工程与计算机科学（需选修过微积分 II 和大学物理 II）	12	LAB
	6.08 通过互连的嵌入式系统介绍电气工程与计算机科学	12	LAB
D. 计算工程（至少选择一项）	2.086 机械工程师的数值计算（需选修过微积分 II 和大学物理 I）	12	REST
	6.034 人工智能（需选修过 6.0001）	12	
	10.437［J］计算化学	12	
	18.085 计算科学与工程 I（需选修过微积分 II 和 18.03 或 18.032）	12	
	18.086 计算科学与工程 II（需选修过微积分 II 和 18.03 或 18.032）	12	

资料来源：MIT. ChemE 10 - ENG：Engineering Computation［EB/OL］.［2020 - 08 - 02］. https：//cheme. mit. edu/10-eng-engineering-computation/.

在本科生教育层面，MIT 给学生提供了充分发展的机会，学生可以根据自己的兴趣爱好自主选择专业、双学位、辅修、实践创新教育及国外和外校学习。[①] 首先，学生在进入 MIT 的第一年，以科学、数学以及人文、艺术和社会科学的核心科目为基础进行学习，从数学、物理学、化学、生物学、人文、艺术和社会科学等多种课程中选修科目。在第二年中，学生通常会继续学习符合学院各种要求的科目，并开始学习专业课程。在第三和第四年，学生专注于专业课程。可见学生是在了解并熟悉各个领域之

---

① 吴艳阳，朱家文，武斌. 麻省理工学院（MIT）化学工程系本科生培养方案和课程设置［J］. 化工高等教育，2015，32（3）：33 - 39.

后，自主选择合适的专业，MIT 为学生提供了调整的时间与机会。其次，
双学位与辅修的目的都是学生能够根据兴趣，在本专业以外或与之互补的
领域，得到深入理解专业知识的机会。最后，一年级办公室（The Office
of the First Year）为一年级本科生分配顾问。学术部门会为确认主修课程
的学生分配教职顾问。此外，每个学术部门都有学院的本科生和研究生干
事以及学术管理人员，学生会向他们咨询相关的学术课程。总而言之，正
是在多种选择空间与个性化教员服务的环境之下，学生才有充足的机会与
教师紧密联系，进行创造性学习，发现兴趣并挖掘潜能。

6.1.3.3　重视实践教育与科研

MIT 的实践教育体现在加强实践课和实习计划的教学、建立本科生参与
科研机制等方面。[①] MIT 鼓励学生将 UROP 作为课程的一部分，鼓励本科生
参与科研，与 MIT 的教职员工合作。通过 UROP，学生会积极参与探究过程
中的头脑风暴，同时有机会丰富个人体验并促进专业学习。

出于重视实践教育的目的，于 2017 年启动的 NEET 计划的目标就是
重新构想和思考本科工程教育，即教育应该围绕着让学生参与到自己的学
习中来展开，并在课堂学习、项目学习和数字化学习之间找到最好的平衡
点，从而使他们获得最佳的学习效果。总而言之，该计划的基本思想就是
基于项目的学习，利用数字化学习的创造性加之专业知识的培训，使学生
成为学习中的积极合作者。通过该项目，学生能够在跨学科、跨领域的研
究中锻炼科研能力并开拓视野。

6.1.4　借　鉴

6.1.4.1　专业教育与通识教育并重，丰富通识课程类目

首先，所有 ABET 认证的工程专业的标准技能与能力表述中都提及，
学生应当能够运用工程设计来解决特定需求，并考虑到公共健康、安全、
福利以及全球化、文化、社会、环境和经济因素。因而，让学生在不同的
文化和学科领域中加深学习，锻炼批判性思维，并在尝试新事物的过程中

---

① 吴艳阳，朱家文，武斌. 麻省理工学院（MIT）化学工程系本科生培养方案和课程
设置［J］. 化工高等教育，2015，32（3）：33-39.

培养重要技能是认证专业的必要条件，通识教育的重要性可见一斑。以华东理工大学为例，该校化工专业在 2014 年就通过了 ABET 工程教育专业认证，其通识教育选修课现分为五大类：人文科学类、社会科学类、工程技术类、自然科学类、创新创业类，总计要求修满 8 学分，其中创新创业类不少于 2 学分。[①] MIT 的 HASS 为必修课，要求修满 8 门课程，而且选修的建议是贯穿大学四年。国内工程教育应学习 MIT 对通识课程的重视，加大学分占比或限定选修年级，确保学生能对人类社会、人类传统和人类制度有广泛且持续的了解。其次，应不断丰富通识课程选择，及时更新课程内容。MIT 的 HASS 课程十分广泛，涉及考古、经济、语言、历史、哲学、政治学等，学生可以根据兴趣选择学习内容。尤其在哲学课程开设方面，这是国内通识教育易忽视之处。哲学能帮助学生养成批判性思维，有助于树立正确的人生观、价值观。最后，随着高等教育国际化成为发展趋势，更新课程内容并与国际接轨，使学生接触国际热点问题和学习前沿知识是开设精品通识课程的基础。

6.1.4.2 鼓励本科生参与实践与科研，提高实践能力

MIT 的学生在参与实践与科研方面有许多途径，或是跨院系合作项目，或是 NEET 计划，或是在独立活动期进行自主灵活地学习。不仅各项目环节进行得有条不紊，成果产出也颇为丰富。而且在锻炼学生科研能力的同时，也壮大了研究团队。国内工程教育已重视实践教育对学生能力培养的重要性，新工科建设等计划的目的也在于此。但无论是企业参与度，还是学生得到锻炼的机会都远远不能满足需求。参与科研或实践教育不该是优秀学生的特权，学校、企业和政府都应进一步加大合作，确保参与实践的学生人数。从长远来看，这能保障学生成长所需要的实践平台，为企业培养潜在人才，为院系乃至学校发展提供生力军。因此，要进一步加强实践课教学、实习计划教学，深化本科生参与科研机制，并通过产学研、合作办学、项目计划证书等形式提高企业在人才培

---

① 华东理工大学. 化学工程与工艺专业教学培养方案 [EB/OL]. [2021 - 10 - 29]. https://jwc.ecust.edu.cn/_upload/article/files/12/fd/d24a15b74870bafd68a25a29b769/72cb46 54 - 962a - 4376 - be06 - e9b41dcc9372.pdf.

养中的参与度。①

6.1.4.3 开展职业教育，开设教育教学课程

如今教师行业越来越受到工科学生的关注，教师成为学生职业发展的方向之一，学生会在大学期间报考教师资格证。然而，一纸证书只能体现当下的专业知识，无法保证学生的教学能力与技巧。国内大学可以向 MIT 学习，使学生利用课程来获得国际经验或教学资格证书，在大学期间获取系统的教学知识与培养课程设计等能力。同时，通过该课程，学生能接触当下教育领域的热点问题与最新研究进展和发展成果。工科学生也能够在专业教育知识的基础上发表自己的见地，结合教育理论与实际经历对工程教育领域的问题进行分析。

6.1.4.4 提供灵活的专业选择，定向与个性化人才培养并行

既能适应世界工程专业毕业生所面临的专业和多学科的变化，又能保持化学工程系和工程学院工程教育的严谨性和深度，这是 MIT 化学工程系专业 10 - ENG 设置的目的。MIT 的学生可以灵活地选择他们的课程计划，在结合传统化学工程课程的许多核心部分的基础上，院系还提供化工相关领域的选择。该专业的学生在院系中会有一名教职顾问，能得到特定顾问的协助，包括 10 - ENG 计划的要求，确保在选择分配课程和集中课程时，完成 CI - M 和实验室要求，并达到所需的工程要求数量等。这方面的个性化培养恰恰是国内工程教育所欠缺的。如何保障学生的兴趣，以及为他们的兴趣提供可实现的机会与平台，需要院系的紧密合作、教职员的共同参与，应当从有雄厚物质基础和强大师资力量的高校率先进行试点，逐渐普及。同时，现在某些岗位急需的专业知识是跨学科、跨领域的，但当下，这些相关专业在高校中无法正式开设、大批招生。在这一层面，10 - ENG 专业既能够满足人才需求，也能节省资源。最后，该专业的设置是以兴趣为基础，以未来跨学科合作为方向。例如，MIT 的集中课程工程计算正是

---

① 吴艳阳，朱家文，武斌．麻省理工学院（MIT）化学工程系本科生培养方案和课程设置［J］．化工高等教育，2015，32（3）：33 - 39．

迎合了大数据时代计算对于实验的补充。通过系统工程教育，学生在坚实的化工专业知识基础上熟练掌握计算技能。通过该专业结合跨领域的创造性学习，培养的人才可以成为引领现代科学研究发展方向的中坚力量。

附录 1　REST 科目课程

1.00 工程计算与数据科学

1.000 工程应用计算机编程

1.018 [J] 生态学基础

1.050 固体力学

2.001 力学与材料 I

2.003 [J] 动力学与控制 I

2.086 机械工程师的数值计算

3.012 材料科学与工程基础

3.021 建模与仿真简介

3.046 材料的热力学

4.440 [J] 结构设计导论

5.07 [J] 生物化学导论

5.12 有机化学 I

5.60 热力学和动力学

5.61 物理化学

6.002 电路与电子

6.003 信号和系统

6.004 计算结构

6.041 概率论简介

6.042 [J] 计算机科学数学

7.03 遗传学

7.05 普通生物化学

8.03 物理Ⅲ

8.033 相对论

8.04 量子物理学 I

8.20 狭义相对论简介

8.21 能量物理

8.282 [J] 天文学概论

8.286 早期宇宙

9.01 神经科学导论

10.301 流体力学

12.001 地质学概论

12.002 地球物理学与行星科学导论

12.003 大气，海洋和气候动力学导论

12.400 我们的太空漫游

12.425 [J] 太阳系外行星：物理和探测技术

14.30 经济学中的统计方法简介

15.053 业务分析中的优化方法

15.0791 应用概率简介

16.001 统一工程：材料和结构

18.03 微分方程

18.032 微分方程

18.05 概率统计简介

18.06 线性代数

18.600 概率和随机变量

18.700 线性代数

20.110 [J] 生物分子系统热力学

22.01 核工程与电离辐射简介

22.02 应用核物理导论

22.071 模拟电子，从电路到零碳电网

IDS.045 [J] 系统安全

以下六个科目组合也计入 REST 要求：

5.601&5.602 热力学 I 与热力学 II 和动
力学

5.611&5.612 光谱学简介和分子与电子
结构

6.0001&6.0002 Python 计算机科学编程简
介和计算思维与数据科学概论

6.2 佐治亚理工学院化工专业

佐治亚理工学院的化学与生物分子工程学院（CHBE）是美国所有拥有化学工程专业的院系中规模最大的学院。本节主要介绍该学院的战略目标与培养方案，对其在科研实践、企业合作项目和国际交流领域的培养特色进行说明。在此基础上，提出该学院的培养方式对我国化工专业人才培养的启示以及可借鉴之处。

6.2.1 背景介绍

佐治亚理工学院有 6 个学系和 28 个学院，提供以技术为中心的教育，涉及工程、计算机和科学、商业、设计和文科等领域。化学与生物分子工程学院是工程学系的代表学院之一，也是全校历史最悠久、规模最大、种类最丰富的学院。其研究生专业和本科生专业在美国排名前十。该学院以进行大量创新研究而著称，解决了当今人类面临的一些重大问题，包括开发疾病的新疗法，设计可持续的系统以改善环境，创造更有效的方法来获得新的更好的技术等。

佐治亚理工学院的化学与生物分子工程学院旨在引领化学和生物分子工程领域的变革，改变学生的生活方式以及在技术创新上取得突破。其战略目标体现在以下几方面：应对全球在能源、环境、技术和健康等方面的重大挑战，以改善所有人的生活为己任；培养学生成为全球领导者，或成为具有领导才能和团队精神的全球公民，能够将全球现有的智力资源用于应对跨国挑战和机遇；激发学生的创造力和企业家精神，为解决难题提供新方法，实现理想解决方案的实践；培养学生在工程实践中秉持道德、可持续性和安全性原则，以最大的诚信面对竞争的利益和不平等；在教育实践和技术方面进行创新，以提供更多机会和更有效的学习方法，从而实现广大学生群体的潜力，激发学生对终身学习的热情；引领在化学工程领域中兼具多样性、公正性和包容性的实践探索，提高学术界和工业界的参与度，实现思想多样化。

化学与生物分子工程学院提供三种学位：第一种是标准选择，即提供化学和生物分子工程的基础知识，使学生可以灵活地通过选修课来探索相关领域；第二种偏生物技术方向，即包括核心化学工程课程，同时选修课和其他课程侧重于生物分子方面；第三种比较特殊，是一个为期五年的专业课程，旨在吸引那些对理学学士学位以外的课程感兴趣，并有能力接受额外教育的本科生。五年制本科/硕士计划（Five-year BS/MS Program）受到学生们的广泛欢迎，学生们认为这个项目惠而不费的原因之一是，为获得理学学士学位而选修的本科课程学时可以抵算在之后硕士学习阶段所需的学时要求中（至多达 6 个学时）。另一个原因是，在获得学士学位之前，学生也可学习 12 个学时的研究生课程。五年制本科/硕士计划的学生首先作为本科生学习课程，直到完成学士学位的要求之后，他们的身份更改为研究生。学生可以在 BS 课程的最后一个学期申请该计划，但必须在学期中旬申请。学生必须具有 3.5 或更高的平均学分绩点才能被录取。本科生在完成了 12 个学时的研究生课程后，必须先获得理学学士学位并以MS 学生身份注册，然后再参加其余的研究生课程。本科生最多只能获得12 个学时的 MS 学士学位。

除此之外，佐治亚理工学院还提供特殊学位计划：一是合作计划，该学院拥有美国最大的自愿合作计划，为学生提供实践经验，以运用在课堂上学到的理论，学生也可获得服务补偿；二是以科研为方向的学位，通过完成深入、长期的研究经验，并完成最终论文来获得；三是国际计划，即在化学工程学科的背景下，获得至少 26 周的海外经验，包括语言熟练度以及面向全球的课程学习。[①]

---

① Georgia Tech. Prospective BS ［EB/OL］. ［2020-07-30］. https：//www.chbe.gatech.edu/prospective-bs.

6.2.2　培养措施

6.2.2.1　科研与创新

化学与生物分子工程学院的研究以其质量和创新以及深度和广度而著称。学院由 40 多位学者组成，他们的兴趣涵盖了传统和新兴研究领域。佐治亚理工学院拥有各种各样的研究项目，每位学者带领一组学生研究各种跨学科的主题，这些主题围绕生物技术、能源与可持续发展、复杂系统、材料与纳米技术、化学与生物分子工程学院的影响力等展开。数据表明，学院超过 60% 的学生参加了研究①。本科生参与科研可以更好地理解化学和生物分子工程中的热门主题和受关注领域，获得所学领域的实践经验，了解比传统课程更多的知识，为之后的研究做准备，并明确以后的职业目标。想参与科研的本科生通常先寻找兴趣领域相同的学者，在其实验室中寻找潜在的研究职位。在与实验室主管教授就研究项目达成协议并提出申请，获得许可后就能注册课程。

以化学进化中心（Center for Chemical Evolution，CCE）为例，CCE 的研究主题为负责寻找与生命相关的聚合物的初始合成和演化的分子以及反应。CCE 夏季大学生研究计划为大学生提供了对有关化学进化和生命化学起源进行前沿研究的机会，帮助学生在暑期获得研究经验。② 学生按照流程直接申请 CCE 该计划的职位即可，无需研究背景或经验。通过该计划，学生可以与该领域的导师在实验室中度过 10 周的时间，学生每周需要用 40 个小时进行研究，并按计划参加所有研讨会、讲习班、讨论组等活动。通过该计划，学生能够在研究方法、数据分析以及结果的书面和口头交流等方面得到锻炼。申请该计划的学生仅需要准备一份申请表、一份学校成绩单、一篇论文和一封推荐信，其中论文主要阐述其参与 CCE 的动机。该计划中的研究主题有生物分子化学、有机化学、地球化学、化学理论和

---

① Georgia Tech. Underground research [EB/OL]. [2020 – 07 – 30]. http：//chbe. gatech. edu/undergraduate-research.

② Georgia Tech. Opportunities [EB/OL]. [2020 – 07 – 30]. https：//centerforchemicalevolution. com/education-outreach/opportunities.

化学工程等，学生依据兴趣选择主题小组。

6.2.2.2 创新创业教育

在学系层面，佐治亚理工学院整个工程学系为创新文化的发展提供了丰富的资源，工程专业的学生可以实践他们的所思所想。以 X 创造计划（CREATE - X Initiative）为例，其始于 2014 年，已帮助启动了 42 家创业公司。该计划旨在激发学生的创业信心，帮助学生寻求创业机会，培养学生成功创业的能力。该计划包含三门课程。① 创业实验室：学生学习创业过程，以及学习如何系统地审视自己的想法和验证市场需求。这是一门 3 学分的课程，对所有本科生开放。② 创意原型（I2P）：学生将获得教师的指导和种子资金，以构建其创意原型的各个功能。学生将获得 3~6 个本科研究学分。③ 初创公司启动：这属于夏季计划，在此期间，团队以已开发的构想或原型发展为基础，全面启动初创公司。外部投资基金会将向团队提供 20 000 美元的资金。

创客空间（Maker Spaces），即创造与构建的空间，是实验和发现的实验室，也是研究和开发的初创孵化器，以激发学生的创新潜力为目标。学生的任何奇思妙想都可以在这里得到实践和实现的机会。该项目下有发明工作室（The Invention Studio），有供航空航天工程专业的学生来参加课程或竞赛项目的航空制造空间（The Aero Maker Space），有为生物医学工程专业（Biomedical Engineering）的学生提供 3D 打印机、车床、铣床等的 BME 设计商店（The BME Design Shop），有为其他工作室使用的材料提供测量和创建的空间，如材料科学与工程学院最近创建的材料创新与学习实验室（The Materials Innovation and Learning Laboratory，MILL），以及由佐治亚理工学院的礼堂改建的，目前美国最大的面向电子产品的学生创客空间——Van Leer 跨学科设计共享空间（The Van Leer Interdisciplinary Design）。以发明工作室为例，发明工作室是一个由学生经营的组织，支持所有学生和教职员工构建他们的梦想项目，无论是出于研究、个人还是学术用途，发明工作室中的工具是 100%免费使用的。发明工作室的讲师是来自各个专业和背景的学生，他们每周至少志愿进行 3 个小时的设备维修工作，他们还要组织活动并教导所有发明工作室的访客使用设备。学生带着自己的创想设计来到发明工作室，首先在讲师的帮助下知道如何安全使用设备，接着基于他们提供的设计建议或下一步构想，自由地将设计变为现实。总而言之，这是一个一直为佐治亚理工学院的创新和实践教育提供支持的创客空间。

企业创新研究所（EI2）是佐治亚理工学院的业务拓展及经济发展组织，旨在帮助学生将他们的想法传播到世界各地。企业创新研究所包括以下四个项目。① 先进技术开发中心（ATDC）：佐治亚理工学院的孵化器，提供指导，联系社区，以促进佐治亚州技术初创企业的发展。② 创新军团（I-Corps）：一种竞赛形式的计划，旨在使科学家和工程师将其研究重点扩展到实验室之外，并培养将技术商业化的创业精神。③ 初创企业集成计划（GT-IPS）：为有兴趣创建基于佐治亚理工学院知识产权的公司的教职员工和学生提供培训和支持。④ 创新实验室（VentureLab）：通过创立公司来践行佐治亚理工学院的教职员工和学生的创新想法。

6.2.2.3 实践教育

佐治亚理工学院不仅注重学术知识，也十分重视实践经历，即丰富学生应对现实世界挑战的技能和经验。这就要求学院与企业密切联系，为学生提供实践场所。在工程学系层面，有一项本科生合作计划（Co-Op Program）。本科生合作计划是一项为期五年的学术计划，旨在通过与学生的学术专业直接相关的有偿实际工作经验来补充学生的正规教育。它适用于所有工程专业。本科生合作计划使学生有机会将在课堂上学到的理论与其专业相关的有偿实践经验相结合。参与本科生合作计划的学生在大三期间可将他们的校内学习和全职工作交替进行，然后在大四时继续回到学校学习。在工作期间，对于在该地区以外工作的学生，大多数雇主都会提供一定水平的住房援助。无论他们是在校内学习还是全职工作，参与本科生合作计划的学生在每个学期中都被归类为全日制学生。合作期间，学生将注册免学费的 12 小时审核课程，该课程使学生可以保持全日制状态。满足本科生合作计划要求的学生从佐治亚理工学院毕业时，将获得工作指派。为此，学生必须满足以下要求：至少有 3 次交替工作的经历，其中的 2 项工作必须在秋季或春季学期中进行；每周必须全职工作至少 40 个小

时，夏季至少连续 8 周，秋季或春季至少连续 14 周；每个学期注册 Co -
Op 课程，以及收到主管关于所有工作满意的绩效评估。[①] 如果学生选择不
参加本科生合作计划，可以转出该计划或转入实习计划。由于本科生合作计
划是正式的学术课程，职业中心会跟踪选择不参与的学生。一旦选择参与本
科生合作计划，学生就必须要完成规定的实践时间。无法完成的学生可以选
择实习计划。绝大多数学生在完成三轮本科生合作计划中的工作后或者参与
本科生合作计划之前选择实习 1~2 次。在同一雇主下完成三轮工作期，将
会得到该雇主的工作指派，即完成该合作计划项目。如果学生不注册实习，
职业中心将无法为学生提供工作支持，也不会被视为该学期的全日制学生，
尤其是如果学生选择的工作是本科生合作计划项目中伙伴企业设置的岗位的
情况，不进行注册会被视为未完成合作计划，并且可能无法获得指派工作。

6.2.2.4　纸浆造纸证书计划课程

佐治亚理工学院纸浆与造纸基金会成立于 1990 年，由 24 家公司和 3
名个人出资成立。面对 21 世纪各行业的各种机遇和挑战，佐治亚理工学
院与行业之间仍保持着紧密的联系和合作关系。纸浆造纸证书计划课程培
养了纸张和林木产品行业未来的领导者。在化学与生物分子工程学院、机
械工程学院（ME）、材料科学与工程学院（MSE）注册的学生或在理学院
攻读化学学士学位的学生均可申请该项计划课程并获得证书，以证明他们
在制浆造纸和工程方面的熟练程度。该证书一共有 12 个学时，包括讲座和
实验室课程。该课程必须以字母等级为基础，并且必须获得 "C" 或更高的
等级才能计入证书。纸浆造纸证书计划课程如表 6-9 所示。

表 6-9　纸浆造纸证书计划课程

CHBE/ME 4720	纸浆造纸生产	这门 3 学时的课程以实用和技术术语介绍制浆、化学回收和造纸的术语、工艺和技术，这些产品用于林产品工业中，将木质纤维素材料制造成增值产品，如纸、包装和纸巾等。通过林业管理，各种纸浆制造工艺（包括回收和脱墨）涵盖了造纸的历史，并继续生产成品纸

---

① Georgia Tech. Co-ops [EB/OL]. [2020-07-30]. http://career.gatech.edu/co-op.

续　表

CHBE/ME 4730	森林生物产品的新兴技术	这门 3 学时的课程主要介绍开发和生产带有森林生物产品和其他生物产品的非传统产品。其主题包括生产原材料所需的过程，以及材料的构造和表征，并涵盖了一些生物精制成功与挑战的案例研究
CHBE/ME 4873/4767	纸浆和造纸实验室	这是一门 3 学时的混合课程（讲座和实验）。其主题包括制浆方向、漂白、手抄纸成型、纸浆和纸张物理性能以及再生纤维
其他	另外 3 学时为本科研究或特殊情况	

资料来源：Georgia Tech. Pulp & Paper Certificate Program [EB/OL]. [2020-07-30] https：//www. chbe. gatech. edu/pulp-and-paper-certificate-program.

6.2.2.5　交流计划与国际交流项目

佐治亚理工学院的菲利普斯 66 技术交流计划（Phillips 66 Technical Communications Program）为学生提供在 21 世纪工作场所中取得成功所需要的交流技巧，使学生可以更加专注于特定行业的交流实践和标准。自 2002 年以来，由杰奎琳·莫哈利·斯内德克（Jacqueline Mohalley Snedeker）教授指导该技术交流计划，并逐渐将学生范围扩大到本科生和研究生。该技术交流计划的一个关键方面是将交流教学整合到学院核心课程中。斯内德克教授以及学院其他老师开课讲授交流课程，将书面、口头和视觉交流的理论与实践以及批判性思维的指导纳入必修课程。斯内德克教授每年教 190 多名学生，每学期评估 150 多份报告和海报以及 120 个演讲，并提供相关课程的技术交流指导。

该技术交流计划的目标是让学生了解交流在化学和生物分子工程中的现实重要性，熟悉该领域的话语，将文档和演示文稿进行正确定位并向适合的受众展示，以清晰、简洁和合乎逻辑的方式组织内容，通过批判性思维解决问题并给予说服力强的案例，以及有效地修改自己的写作。该技术交流计划教授的技能包含以下四点内容。① 如何撰写技术文档（如实验室报告和海报），如何创建有效的口头陈述以及如何对实验结果进行批判性思考。通过研讨会和讲座，个人写作会议以及对技术实验室报告、海报和口头报告的评估来教授这些技能。② 受众分析，组织书面文件，为非技术受众翻译技术材料以及为技术报告提供适当的参考风格。这些技能是通过两次互动的客座讲座进行授课的，并在课堂上进行写作活动和讨论。③ 如何计划、组织和修改技术论文或演示文稿。④ 审查工作材料。审查内容包括奖学金申请书和研究生论文。斯内德克教授会审查简历和求职信，以及研究基金申请书和研究生论文等。

工程师应当拥有的重要素质之一就是全面而广阔的视野。在其他国家的不同环境中拥有学习或实践经验对于培养独特的视野至关重要。在佐治亚理工学院，超过 56%的学生在毕业之前已经有国际经验。[①] 佐治亚理工学院的化学与生物分子工程学院提供三个国际交流项目，与法国、英国和韩国的理工学院保持紧密联系。以法国为例，佐治亚理工学院洛林分校成立于 1990 年，是佐治亚理工学院在法国梅斯的第一个国际校园，它使用与亚特兰大校区大致相同的时间表和模式，进行为期 10 周的暑期课程。学生可以选择人文、社会科学、技术和免费选修课，以及相关专业课程。此外，佐治亚理工学院的化学与生物分子工程学院在参加英国伦敦帝国理工学院的夏季计划上已有 30 多年实践经验。学生会在伦敦帝国理工学院参加为期 5 周的课程，可以参与 6 个学时的单元作业或生物实验室课程的学习，以及相关技术选修课的学习。该计划仅限于以完成单元操作实验室课程为前提条件的 30 名学生。

6.2.3　特色与借鉴

6.2.3.1　加强校企合作，培养学生实践能力

国内工程教育对实践的呼吁始终没有引起企业的兴趣，企业参与度低导致学生实践无门。如何将企业的作用发挥到最大，真正使其加入学生的课程中是保障实践途径的重要方式。佐治亚理工学院的本科生合作计划为保障稳定的合作对象和资金来源提供了实践场所。在职工作与校内学习的交替进行，使学生能够获得与专业相关的工作经验，从而加强对课堂理论

---

① Georgia Tech. Academics [EB/OL]. [2020 - 07 - 30]. https：//coe.gatech.edu/academics/international-experiences.

的理解。在这一过程中，学生可以获得本科生合作计划文凭，受到雇主的高度评价，这些都能为学生在毕业后的求职中获得青睐、占得优势打下基础。而企业亦在项目中发现未来的优秀人才，以此作为培养生力军的途径之一。

6.2.3.2 开设证书计划课程，提高学生专业能力

佐治亚理工学院的纸浆造纸证书计划有稳定的资金来源，即纸浆与造纸基金会。该基金会保障了佐治亚理工学院与行业之间的紧密联系和合作关系。我国高校也可以借鉴这一模式，针对行业特殊领域的需求，与企业或组织合作，创建相关领域的证书计划项目，从而培养具有专项能力的人才。一方面，通过该证书计划课程的学习，学生增强了专业知识，开拓了研究视野，尤其在特定领域接受了专业指导，该证书体现了学生的能力与专业性；另一方面，该证书可与相关岗位密切联系，在将来从事相关行业的学生的简历上添上专业的一笔。

6.2.3.3 科研主题涉及广泛，注重学生科研参与度

佐治亚理工学院超过60%的学生都会参与科研，本科生可以在实验室中与教职员工、研究生和博士后进行一对一的工作，在化学和生物分子工程的特定分支中寻找新知识，发现新现象、新方法和新技术以及运用在讲座中所学的知识。① 除了与化学和生物分子工程相关的领域，佐治亚理工学院还关注复杂系统研究（Complex Systems Research），旨在设计安全有效且适用于各种研究领域和行业（包括供应链、环境系统和制造）的高效系统。多样的科研主题可为学生提供更多自主的选择空间。同时，与国内专注于分离工程或化工过程强化等领域的科研不同，佐治亚理工学院强调系统思维的培养，跨学科或整合相关领域的科研是行业的机遇和挑战。

6.2.3.4 与知名高校保持紧密联系，重视国际交流合作

高等教育国际化是教育全球化的必然选择，应当与其他国家的顶尖高校紧密合作，将国际的、跨文化内容通过合作课程项目引入教学、研究和

---

① Georgia Tech. Underground research [EB/OL]. [2020-07-30]. https：//www.chbe. gatech. edu/undergraduate-research.

社会服务中。佐治亚理工学院与法国、英国和韩国都有国际合作项目，其活动内容包括为期 10 周的暑期课程和交换抵学分课程。与国外高校的合作不仅能使学生体验国际化的课程内容，掌握前沿知识与技巧，更有助于学生感受异域文化带来的冲击。因而，我国高校应继续开展国际项目，包括长期与短期、访学与讲座等多种形式，吸引学生参与其中，感受另一种文化。

6.2.3.5 多途径开展创新创业教育，培养学生探索精神

佐治亚理工学院工程学系有着浓厚的创新文化，开设了创客空间、X创造计划等多个项目，为学生打造实验与试验的场所。通过这些计划与项目，培养学生的企业家精神和冒险探索精神，帮助创办有影响力的初创企业，为学生的创意创想提供服务。因此，为了培养学生的创新创业精神，我国高校应提供各种主题和方式，如项目计划、课程学分、志愿活动、竞赛指导等多种形式来吸引学生参与，在项目过程中锻炼和激发学生的探索精神，开拓学生的创新思维，锻炼学生的实践能力。我国高校也应当避免仅以必修课程的形式捆绑学生的创新思维的做法，要为不同类型的学生和各类需求提供多样化的创新途径与平台，提供具有丰富资源的服务。

6.3 科罗拉多矿业大学石油工程专业①

科罗拉多矿业大学创办于 1874 年，位于美国科罗拉多州的首府丹佛市的西侧。它是一所致力于研究应用科学和工程学的高等学府。它在各类资源的开发和利用的研究上极具实力，在美国的工科类院校中处于前列。随着第四次工业革命的到来，油气勘探开发正从常规油气资源开发转向页岩油气、天然气水合物等非常规油气资源的开发，石油工程行业面临重要的结构性调整。新形势下，如何实现石油工程专业人才培养的突破是该行业转型升级的关键所在。本节选取在石油资源开发、开采及利用方面拥有

---

① 案例部分内容参考文献——王鹏莉. 科罗拉多矿业学院石油工程人才培养特色及其对我国工程教育的启示 [J]. 化工高等教育，2021，38（5）：25-31.

广泛专业知识的美国科罗拉多矿业大学作为研究对象，从培养目标和培养举措方面对该校石油工程人才培养进行详细分析，并提炼总结该校石油工程人才培养的特点，从而对我国高校工程人才培养进行相应思考。

6.3.1　培养目标

科罗拉多矿业大学石油工程专业的本科学生培养期为 4 年，符合毕业要求可授予石油工程学士学位，由石油工程学院承担主要的培养任务。学校致力于培养具有扎实的石油工程学和地理科学基础知识的学生，使学生具备解决不同领域的石油工程问题的能力，包括安全和无害环境的勘探、评价、开发，以及回收地球上的石油、天然气、地热和其他流体系，进而为全球常规和非常规油气资源、水资源和地热能源的利用做出一定的贡献。同时，该校培养的本科生、研究生和继续教育学生要成为以科学和工程技术为基础的问题解决者，促进对地球资源负责任地适度开发。

科罗拉多矿业大学石油工程专业培养目标：为全球石油工业培养具有本科生和研究生水平的工程师，进行石油工程创新研究，致力于研发最先进的石油技术，并通过专业协会和公共服务来服务行业和公共利益①。除此之外，学生还应具备以下专业水平：① 具有应用数学、科学和工程知识的能力；② 具有设计和实验的能力，以及分析和解释数据的能力；③ 具有在经济、环境、社会、政治、道德、健康和安全、可制造性和可持续性等现实限制条件下，设计系统、部件或流程以满足现实需求的能力；④ 具有在多学科团队中发挥作用的能力；⑤ 具有识别、规划和解决工程问题的能力；⑥ 具有对专业和道德责任的理解能力；⑦ 具有有效沟通的能力；⑧ 获得广泛的教育，以了解工程解决方案在全球和社会背景下的影响；⑨ 认识到终身学习的必要性，具有终身学习的能力；⑩ 了解当代问题；⑪ 具有运用工程实践所必需的技术、技能和现代工程工具的能力。

从培养目标的设定分析可知，科罗拉多矿业大学石油工程专业覆盖的

① Colorado School of Mines [EB/OL]. [2020-08-12]. https：//petroleum. mines. edu/undergraduate-program/.

领域较广，确保实现"宽口径"人才培养目标。科罗拉多矿业大学对于石油工程人才的综合能力要求较高，尤其注重对自主识别和处理复杂石油工程问题的能力与跨学科资源整合的能力的培养，这也符合石油行业转型升级发展对于人才类型与规格多样化的需求：要求石油工程人才不仅须具备精深的专业知识和较强的综合能力，还要能够结合实际识别和解决复杂石油工程问题，能够进行跨学科资源整合，同时还须具备创新意识和国际视野。相比而言，我国石油工程院校"专才"培养倾向较为突出，其毕业生多在所属领域内的单位就业。

6.3.2 培养举措

6.3.2.1 课程建设

1. 课程设置

科罗拉多矿业大学石油工程专业的课程体系由通识类课程、专业基础课程和专业课程构成。通识类课程包括物理学、数学、化学等；专业基础课程包括石油类、工程类、管理类等；专业课程内容则比较广泛（表6-10、表6-11）。

表6-10　科罗拉多矿业大学石油工程专业的课程体系

开课年级	课 程 名 称	学分	课程性质	备 注
大一	新生研讨会	0.5	必修	
	地球与环境系统	4	必修	
	微积分Ⅰ	4	必修	
	化学原理Ⅰ	4	必修	
	设计Ⅰ	3	必修	
	体育活动	1	选修	
	物理Ⅰ-力学	4.5	必修	
	微积分Ⅱ	4	必修	
	化学原理Ⅱ	4	必修	
	自然与人的价值	4	必修	

续　表

开课年级	课　程　名　称	学分	课程性质	备　注
大二	经济学原理	3	必修	
	静力学	3	必修	
	自由选课	3	选修	
	微积分Ⅲ	4	必修	
	物理Ⅱ-电磁与光学	4.5	必修	
	体育活动	0.5	必修	
	化学热力学导论	3	必修	
	材料力学	3	必修	
	流体力学	3	必修	
	储层岩石性质	3	必修	
	微分方程	3	必修	
	全球研究	3	必修	
	夏季野外作业Ⅰ	1	必修	实践类
大三	沉积学与地层学	3	必修	
	石油工程中的计算方法	2	必修	
	钻井工程	4	必修	
	石油工程流体的性质	3	必修	
	人文社会科学类选修	3	选修	
	体育活动	0.5	选修	
	应用结构地质学导论	3	必修	
	竣工工程	3	必修	
	石油生产力学	3	必修	
	测井分析与地层评价	3	必修	
	石油数据分析	3	必修	
	自由选课	3	选修	
	夏季实地考察Ⅱ	2	必修	实践类

续 表

开课年级	课程名称	学分	课程性质	备注
大四	石油研讨	2	必修	
	油藏工程Ⅰ	3	必修	
	试井分析	3	必修	
	油气项目经济与评价	3	必修	
	人文社会科学类选修	3	选修	
	自由选课	3	选修	
	油藏工程Ⅱ	3	必修	
	地层损害和增产措施	3	必修	
	多学科石油设计	3	必修	
	人文社会科学类选修	3	选修	
	自由选课	3	选修	
合计	47	137.5		

表6-11 科罗拉多矿业大学石油工程专业部分专业课程和选修课程

课程名称	内容	学分
石油工业概论	介绍石油工业以及与石油工程相关的各个领域	3
石油工程专题	从教师和学生的特殊兴趣中选择主题	1~6
独立研究	教师的个人研究或特殊问题项目	1~6
流体力学	流体特性与流体流动、流体静力学、质量与动量平衡、微分方程、量纲分析、管道内层流与湍流及两相流	3
石油工程中的计算方法	学习解决工程问题的 Visual Basic 编程技术	2
储层岩石性质	介绍储层岩石的基本性质及其测量方法	3
钻井工程	钻井作业、流体设计、液压、钻井合同等	4
石油工程流体的性质	油、气、卤水体系的相行为、密度、黏度、界面张力和组成	3

续　表

课　程　名　称	内　　　容	学　分
夏季野外作业 I	介绍油气田和其他工程操作	1
夏季实地考察 II	油藏管理的多学科性质	2
合作教育	从事与工程有关的全职工作	3
可持续能源系统	关注可持续能源，特别是可再生能源和核能	3
竣工工程	是"钻孔工程"（Drilling Engineering）课程钻井到完井作业的一个延续	3
石油生产力学	管道和地层产能的节点分析	3
油气项目的经济评价	货币的时间价值概念、贴现率假设、项目盈利能力的衡量等	3
油藏工程 I	油藏工程研究所需的数据	3
油藏工程 II	补充开采过程的油藏工程方面	3
地层损害和增产措施	地层损害机理和原因	3
先进的钻井工程	旋转钻井系统	3
环境法和可持续性	可持续工程项目开发相关的基本法律原则	3
石油数据分析	概率论及其在工程和科学中的应用简介	3
多学科石油设计	综合地质、地球物理和石油工程的基础知识和设计理念的设计课程	3
能源工程	地热能、化石能源、太阳能、核能、风能、水能、生物能源	3
管网中的流量	单相和两相水力学现象，以及计算生产系统压力/温度分布、沿程损失和流速的建模方法	3
地面设施的设计和操作	石油和天然气工业通常需要的地面设施	3
流动保障	涵盖碳氢化合物的生产	3
石油研讨	学生就当前能源议题进行书面和口头报告	2
储层地质力学	岩石力学在石油和天然气勘探、钻井、完井和生产工程操作中的作用	3

首先，如表 6-10 所示，科罗拉多矿业大学石油工程专业的课程体系同世界上多数学校的培养模式一样，按照通识教育、专业基础教育和专业教育逐次展开，由浅入深、循序渐进，符合工科教育的一般规律。与我国高校石油工程专业培养方案相比，该校培养方案将学科基础和专业基础融为一体，有利于学生对专业知识与技能的理解与掌握。该校石油工程专业课程体系总学分要求为 137.5 学分，相比于我国石油工程院校的毕业学分要求，该校的石油工程专业学分要求不高。但是，通过仔细梳理其课程体系可以发现，该校石油工程专业的课程体系中石油工程专业课程占比较大，说明该校十分注重培养学生扎实的石油工程基础知识和能力。

其次，在强化学生石油工程基础知识和实践能力培养的同时，该校石油工程专业的课程体系中还设立了物理学和数学等课程，旨在培养学生的逻辑计算能力，以构建量化解决石油问题的科学方法。作为交叉学科，石油工程专业在与石油资源专业区分的同时，须意识到基础石油一般学习与应用的方法具有普适性；在同土木工程专业相联系的同时，也须注意到基础石油问题在解决复杂地质条件下的工程问题时的优势。并且，随着信息技术的发展，该校加强石油与计算机学科的交互，通过开设电脑建模类的课程来促进石油工程专业的发展。

如表 6-11 所示，该校石油工程专业的专业课程覆盖面较广，涵盖了钻井工程、油藏工程等领域涉及的储层地质力学、地层损害和增产措施、岩石动态、地层评价等工程问题。从工程技术上划分，其专业课程涉及钻探技术、油藏工程、人工举升、管网建模等，为学生全面了解和学习各领域的专业知识提供了选择，有利于学生的多方向发展。其中，多学科石油设计课程的开设体现出该校对学生跨学科资源整合能力的重视，通过与不同学科背景人才的交流与合作，有利于塑造石油工程学生多领域的专业技能，提升学生的综合能力。并且，从课程内容中也可以发现，工程设计贯穿整个课程，有助于学生将所学技能应用于实际油藏开发和管理问题中。

此外，科罗拉多矿业大学石油专业在大一的第一学期设置了新生研讨会，以小组为单位开展，目的是重点培养学生与学校的联系，提高对石油工程价值的欣赏能力等。作为刚入学的新生，对于所学专业了解甚少，这一课程的设立有利于学生深入了解所学专业，明白所学专业的重要性，获得专业兴趣的引导，从而专业潜能得以培养和激发。

值得注意的是，科罗拉多矿业大学石油专业在本科新生课程体系中开设了"自然与人的价值"必修课，为4学分。进入21世纪以来，一些劣质工程项目给人类赖以生存的自然与社会环境造成了严重破坏。因此，该校开设此门课程旨在培养学生的工程伦理和社会责任意识，让学生能够明辨是非，学会运用工程技术去造福人类，而非贻害四方。并且，该校注重培养学生的可持续发展观念，使学生能够将满足人类眼前利益与保障地球未来利益联系起来，将自然效益、经济效益和社会效益等结合起来，关注工程实践对于社会环境的影响[①]。

2. 短期课程

科罗拉多矿业大学在专业课程设置之外，还会定期向社会各界开展短期课程，如表6-12所示。针对不同人群对石油工程知识与能力的需求，目前该校共开设了4种短期课程。通过短时间内连续的教学与指导，能够让学生加深对石油工程专业发展前沿的了解，提升其专业素养。与此同时，短期课程也能够为业界人士提供持续受教育的机会。教师通过与长期从业的人员的交流，也能开阔研究思路，相互受益。

表6-12 科罗拉多矿业大学石油工程专业的短期课程

课 程 名 称	课 程 内 容	课 程 安 排
超级学校	为具有非石油工程背景的新工程师、新地质学家和新地球物理学家、操作人员和非技术管理人员提供必要的技术基础，促进其有效的团队合作	4天指导 2天实地考察
雪佛龙短期课程	为即将进入职场的人讲授软件和相关石油工程技能	1~2天的密集课程

---

① 雷庆，胡文龙. 工程教育应培养能造福人类的工程师——美国科罗拉多矿业学院"人道主义工程"副修计划的启示 [J]. 清华大学教育研究，2011 (6)：109-116.

课 程 名 称	课 程 内 容	课 程 安 排
石油化工短期课程	为业界人士提供短期持续教育的机会，介绍能源行业石油数据分析的机遇、挑战和具体要求	
Petro @ MINES	为当地高中学生参加科罗拉多矿业学校石油工程课程提供机会，内容包括对石油工业组成要素的调查——勘探、开发、加工、运输、分配、工程道德和专业精神	9学时

6.3.2.2　教学模式

1. 全面发展的教学目标

科罗拉多矿业大学石油工程专业的教学目标是注重学生石油基础知识的积累，培养学生运用专业知识识别与解决复杂石油工程问题的能力，鼓励学生敢于对现有知识和权威提出质疑，以及在学习中不断进行新知识的创造。随着石油行业的转型升级，社会对石油工程人才提出了多样化的要求，为此，该校的教学目标与时俱进，将学生的全面发展作为培养重点。该校要求石油工程专业的学生学习数学、计算机科学、化学、物理、一般工程、人文学科、技术交流（包括报告写作和公开演讲）、环境问题和企业社会责任等相关课程，并要求具有一定广度和深度，从而提高学生的技术能力和管理能力。

2. 以学生为主体的教学观念

在教学主体上，该校石油工程专业以学生为主体，教师通常是以引导者、共同参与者的身份出现，鼓励学生进行自主探索，并予以指导。石油工程专业的学生在教师的帮助和引导下，可以自主进行工程实验的学习与探索，并及时与同学分享、交流经验。在这个过程中，教师作为引导者，不仅要传授学生正确的实验技能，其自身还需要具有较高的教学素养，能够积极地引领学生主动获取知识、掌握技能，并且依据学生不同的特点，采取因地制宜的引导方法。

3. 开放式的教学方法

在教学方法上，科罗拉多矿业大学石油工程专业的教学方法较为丰富，主要采用开放式教学法，包括案例教学、实验、研讨会、讲座和学习小组等，学校会定期邀请来自产业界和学术界的嘉宾为学生做演讲，让学生先听讲座了解所学知识的价值，再通过实验与教学相结合的方法，在实践中加深对知识的理解与掌握。其中，该校的石油工程学院十分注重学生实验能力的培养。基本上每一门专业课都由实验、讲座、教学等多形式组成，并且实验课占据一定的比重，在进行实验时不仅仅是对原有知识的验证，教师还会鼓励学生进行探索性实验。学生可以发挥其主观能动性制定实验方案、选择实验器材、进行实验操作、收集实验数据，通过分析实验过程和数据得出结论，进而促进其学习的积极性。与此同时，该校在实验过程中还会鼓励学生之间进行相互探讨和学习，在思想碰撞中完成对知识的掌握。

6.3.2.3 学术研究

1. 研究领域

石油工程可以分为钻井、生产和油藏工程。科罗拉多矿业大学具体的研究领域包括流体和岩石的基本性质、井的设计和建造、完井和增产措施、地层评价、井测试、生产操作和人工举升、油藏工程和管理、补充采收率、石油项目的经济评价以及非常规油气藏等。该校的石油工程研究领域具有多样化的特点，且每个研究领域都聘请了具有影响力的教授进行前沿研究，为学生科研提供了丰富的选择方向。学生可以依据自己的兴趣选择具体的研究领域，在教授的引领下，不断进行深入研究，并努力探索新的研究领域，走在学科发展的前沿。

2. 师资力量

科罗拉多矿业大学在上述石油工程的所有主要领域都有专门的师资力量。目前，该校具有终身职位教师 20 人。师资队伍主要由教学型教师、研究型教师、企业兼职教师、博士后研究员等组成，无论是进行科研还是教学的教师都具有重要的工业背景和实践经历，能够为学生带来有意义的实践经验。双师型的师资队伍是该校石油工程人才培养的重要力量，不仅能够传授学生必要的石油工程知识，还能够在实践中引导学生掌握工程实践技能，帮助学生树立正确的工程伦理观念，增强学生的实践能力。

3. 研究机构

科罗拉多矿业大学在石油工程研究方面起步早、投入大，针对不同的研究内容，目前该校已经成立了相应的石油研究机构和研究项目进行专门的探究（表 6-13）。

表 6-13　科罗拉多矿业大学石油工程专业研究机构一览表

机 构 名 称	主 要 任 务
非常规天然气和石油研究所	为非常规天然气和石油勘探开发的各个领域提供多学科研究平台
马拉松油藏研究卓越中心	研究广泛的油藏问题，并着重于现场应用
地球材料、力学与表征中心	进行岩石力学、地球系统和非传统表征等领域的研究
压裂、酸化、增产技术	从事油气井增产的所有领域的研究
能源建模	开发最先进的油藏建模技术和先进的模拟工具，进行现场应用
非常规油藏工程	关注非常规储层的非常规方面
非常规泥岩和页岩油藏联盟	研究页岩和页岩-流体相互作用的基本原理
多相流体动力学和流体特性	以含颗粒流、渗流等多相流动为研究对象，开展储层流体性质研究

钻采和储运是密切联系的两个石油生产环节，我国高校主要侧重于培养为石油钻采服务的工程师和为石油储运服务的工程师。经过调研可以发现，我国已建成的虚拟仿真实验中心，主要面向的教学对象为石油工程专业或油气储运工程专业的学生，这样培养出的人才知识结构较为单一[1]。

相比之下，科罗拉多矿业大学石油工程专业基于其在石油工程、油气储运工程、油田化学、油气安全工程等方面的综合优势，进行跨学科研究

---

① 白金美，张少辉，何岩峰. 石油钻采与储运工程虚拟仿真实验教学中心建设与实践[J]. 大学教育，2020（7）：60-62.

机构的建设。这些研究机构之间既独立又联系，每个机构都有自己独立的网站、经费和研究设备等，也都有自己的石油工程研究领域，并且取得了相应的成果。与此同时，这些机构也是相互联系的，每个研究所基本都会涵盖所有相关学科，汇集世界一流的研究人员和寻求复杂问题解决方案的组织，鼓励成员的积极参与，以快速建立从科学应用到工程应用之间的桥梁。并且，研究机构还十分注重研究成果的教育与推广。

研究领域的多样化、双师型的师资力量以及跨学科研究机构的设立，保证了科罗拉多矿业大学石油工程研究的创新性和前沿性。该校通过对学术研究的创新探索，为石油工程人才提供了前沿的学科发展动态，学生能够了解学科发展的整体情况，依据自己的兴趣选择适当的研究领域，并在权威教授的指导下，自主进行探索与研究。同时，该校跨学科研究机构的设立也为不同学科背景的人才提供了共同探索、交流的机会，学生可以在实践合作中培养多元化思维，提升协调整合各种资源的能力。总之，科罗拉多矿业大学石油工程专业的学术研究为科罗拉多矿业大学石油工程人才的培养提供了充分的保障。

6.3.2.4　国际化交流

科罗拉多矿业大学的全球发展战略主要由三个部分组成。① 第一部分，吸引来自全球各地的学生到科罗拉多矿业大学就读。科罗拉多矿业大学校长保罗·C. 约翰逊认为，在校学习期间体验国际社区对学生来说至关重要。② 第二部分，寻求可以与之确定协作关系的合作伙伴大学。这些伙伴关系可能是因为两者在某些领域拥有互补的专业知识，或是因为能够为科罗拉多矿业大学提供互补的课程，并且有兴趣开展项目合作。③ 第三部分，与其他大学和企业开展合作，帮助他们在科罗拉多矿业大学擅长的领域提升专业能力。例如，科罗拉多矿业大学与秘鲁国立圣奥古斯汀大学（National University of Saint Augustine）、哈萨克斯坦纳扎尔巴耶夫大学（Nazarbayev University）等多所大学建立了合作伙伴关系，并在其协助下于阿布扎比成立了石油研究所（Petroleum Institute）①。

---

① 刘嘉铭，吕伊雯，张力玮. 立足自身优势彰显办学特色 推动创新发展——访美国科罗拉多矿业大学校长保罗·C. 约翰逊［J］. 世界教育信息，2019（11）：3-7.

随着全球化趋势的不断加强，石油工程教育的国际化交流必不可少。科罗拉多矿业大学与世界很多工业大学建立了稳定的合作伙伴关系，为学生提供全球性的学习交流机会，与其他大学一起致力于培养国际化的工程人才。

6.3.2.5 奖学金制度

科罗拉多矿业大学有各种专门为石油工程专业的学生提供的奖学金。以下是体育系和经济资助办公室提供的部分奖学金名单（表6-14）。

表6-14 矿山奖学金一览表

雷蒙娜·格雷夫斯奖学金（B）	诗人奖学金（G）
罗伯特·汤普森纪念奖学金（U）	巴斯奖学金（U）
史蒂夫·格鲁弗奖学金（U）	克雷格·W.范·柯克奖学金
比利·米切尔奖学金（B）	吴清研究生奖学金（G）
伯格森奖学金（B）	罗杰·亚伯奖学金（U）
W.J.麦奎因奖学金（U）	斯托达德纪念奖学金（U）
维姬（杰克逊）和埃里克·尼尔森奖学金（B）	

注：（U）即只针对本科生发放，（G）即只针对研究生发放，（B）即本科生和研究生都发放。

如表6-14所示，科罗拉多矿业大学对石油工程专业的学生设立了不同类型、不同层面的奖学金。多种多样的奖学金能够鼓励学生主动进行专业学习，同时也为学生进行进一步专业探索提供了物质保障。相比于我国，该校石油专业的奖学金种类多且奖学金制度完善，充分发挥了对学生的激励作用。与此同时，石油工程专业还会经常收到有关校外奖学金、实习和工作机会的信息，如，非常规资源油藏工程与数据分析暑期实习、矿业博士后研究、壳牌钻采营等相关实习，这为学生们提供了深入学习的宝贵机会。另外，该校的实习机会较为充分，且大多数实习机会都在学院官网上公告，企业与学校有一定的合作基础，这不仅有助于石油工程专业学生获得实习机会，还在一定程度上保证了实习岗位的质量。

6.3.3 特 点

6.3.3.1 培养目标满足新业态石油工程发展对于人才的需要

进入21世纪，油气勘探开发正从陆地转向深海，从常规油气资源开发转向页岩油气、天然气水合物等非常规油气资源的开发，这为石油工程专业的升级改造指明了方向，石油工程的转型升级也对人才提出了多样化的要求①。科罗拉多矿业大学石油工程专业致力于培养高水平复合型工程师，从而服务于石油行业和公共利益。该培养目标在强调宽泛基础教育的同时，强调培养人才自主识别与解决复杂石油工程问题的能力，强调跨学科思维，使毕业生具有较强的应变能力，以满足石油工程行业现在与未来的需求。石油工程涉及钻井、油藏、试井等众多领域，石油工程人才在学好专业知识的基础上，应学会进行跨学科资源的整合，才能更易于找到就业机会。

6.3.3.2 课程设置符合工程人才培育新方向

1. 重视学生专业兴趣的引导

通过分析科罗拉多矿业大学石油专业的课程体系可知，该校在大一的第一学期设置了新生研讨会，激发学生对石油工程专业的兴趣和强烈的求知学习欲望。同时，在教学实践中教师也十分注重对学生专业兴趣的引导，帮助学生形成正确的专业价值观。

2. 注重专业素养的培养

科罗拉多矿业大学石油工程专业的课程体系由通识类课程、专业基础课程和专业课程构成。其中，石油专业课程较多，可见该校十分注重学生专业知识和能力的培养。此外，科罗拉多矿业大学石油专业的专业课程覆盖范围广，涵盖了钻井工程、油藏工程、非常规油气藏等领域的工程问题，希望通过丰富的专业课程种类以及高占比的专业课程培养，提升石油工程专业学生的专业素养。

3. 强调学生的工程伦理意识和社会责任感

科罗拉多矿业大学具有重视培养毕业生社会责任感的优良传统，该校还把"致力于提升对人类赖以生存的地球环境的保护"作为自己的重要使命。鉴于学生毕业后从事的工程实践易对社会和自然造成的较大影响，科罗拉多矿业大学在本科新生课程体系中开设了"自然与人的价值"必修

---

① 齐宁，陈德春，巴海君. 石油工程专业新工科改造升级路径实践探索 [J]. 高等理科教育，2019（4）：63–77.

课，旨在培养学生的工程伦理和社会责任意识，并且让学生能够更加深入地理解工程实践对社会的影响及其社会制约性。

6.3.3.3 突出跨学科研究平台的建设

石油工业的转型升级不仅对石油人才提出了多元化的要求，同时也使得石油行业与其他学科的联系日益加强。从科罗拉多矿业大学石油工程专业的多学科石油设计课程建设，到多学科项目研究机构的建立，可以发现该校十分注重对学生跨学科资源整合能力的培养。该校致力于通过跨学科平台的建设，让石油工程人才与计算机、物理、工程管理等多学科人才共同研究，在合作中学会从不同角度思考问题，学会综合运用不同的知识解决问题。

6.3.3.4 重视探索性实验教学

实验能力对石油工程专业的学生至关重要。该校在石油工程实验教学方面的方法较为新颖，教师不仅仅关注对原有知识的验证，还鼓励学生进行探索性实验，并鼓励学生积极动手进行自主工程实验，培养学生主动发现问题、分析问题的意识，锻炼学生理论联系实际的思维能力，强化学生解决问题的能力。将传统的验证性实验与探索性实验相结合，是科罗拉多矿业大学石油工程专业的一大教学特色，有利于培养学生的批判性思维和创新能力[①]。并且，该校的实验室数量充足、设施良好。相比于我国高校，该校更加重视实验教学，致力于为学生营造良好的实验环境。

6.3.3.5 "双师型"师资队伍

科罗拉多矿业大学石油工程专业的教师无论是教学型教师还是科研型教师，都具有一定的工程学习背景和企业实践经历。该校的教师在具备扎实的理论基础知识的同时，还有着较高的工程实践能力，能够熟练掌握石油工程操作技能。此外，石油工程学院还聘请著名企业的工程师作为兼职教师，邀请企业的相关人员到学校开设讲座，介绍石油行业相关领域的前沿动态，让学生真正有机会了解到相关行业的最新研究成果，提高自身学习的动力。双师型的师资队伍，有助于教师更好地对本校石油工程人才进

---

① 万军凤，王艳丽．石油工程专业实验教学模式改革及实践 [J]．科教导刊（中旬刊），2019（11）：51-53.

行实践指导，保证人才的多元化发展①。

6.3.3.6 全方位的国际化交流

随着经济全球化程度的不断加深，各个国家之间的联系愈发紧密。经济的全球化促进了高等教育的全球化，科罗拉多矿业大学通过制定全球发展战略，为石油工程专业的学生们提供了较多全球性的学习交流机会，进一步开阔了学生的专业视野，提高了学生的国际交流能力。此外，该校通过与其他学校建立合作关系，帮助其他大学建设了石油工程、采矿工程和地球科学方面的学位课程。

6.3.3.7 种类繁多的矿山奖学金

科罗拉多矿业大学为石油工程专业的学生设立了不同类型、不同层面的奖学金，且奖学金制度相对较为完善。本科生、硕士生和博士生都可以依据申报条件进行矿山奖学金的申请。种类繁多且发放率较高的矿山奖学金在很大程度上激发了学生对专业学习的兴趣，也为学生进一步进行科学研究提供了相应的物质保障，矿山奖学金也成为科罗拉多矿业大学石油专业人才培养的重要举措之一。相比之下，我国高校在奖学金设置方面相对种类较少且名额不多。

6.3.4 启 示

6.3.4.1 树立大工程观教育理念

我国工程人才综合素质的提升，必须以大工程观教育理念来引导。高校的办学理念影响着人才培养的全过程，更影响着工程人才的培育方向。推动我国工程人才培养理念的转变与更新，是提升工程人才综合素质的首要条件。随着科学技术的不断进步，工程学科的研究领域已经向工程与社会、文化、环境、人类生活的关系方向延伸和拓展，因而，我国高校应充分认识并积极普及大工程观及其对应的工程教育理念。在大工程观教育理念指引下，高校不仅要重视学生基本专业能力的素质培养，也要注重工程

---

① 董燕，王学武，郭谨. 基于新工科的应用型本科院校师资队伍建设——以石油工程专业为例 [J]. 高教学刊，2020（19）：161－164.

人才自主处理复杂工程问题、综合运用跨学科知识能力的培养，把工程人才培养创新逻辑与工程领域现实需求相结合，通过教育各个环节的协同实现工程人才能力的整体提升和塑造。

与此同时，大工程观教育理念强调工程师要有强烈的社会责任感，关注可持续发展，重视人类福祉而不仅仅是经济利益，要把满足人类眼前利益和保障地球未来利益联系起来，将自然效益、经济效益和社会效益结合起来，培养学生的工程伦理和职业道德意识。

6.3.4.2 完善工程专业课程体系建设

1. 开设研讨会，加强学生专业兴趣引导

17 世纪教育学者夸美纽斯曾言"兴趣是创造一个欢乐和光明的教育环境的主要途径之一"。刚入学的大学新生们很多是在家长、老师的建议下报考的专业，自身对于所学专业的了解尚不充分。而兴趣是最好的老师，只有真正激发学生对专业的兴趣，才能促使学生专心于专业学习。因而，我国工程高校可以参考科罗拉多矿业大学石油工程专业的课程设置，在大一的第一学期就设置新生研讨会，给予学生更多的机会来了解所学专业的专业价值、具体工程技术应用等内容，从而帮助学生树立起正确的专业价值观。通过开设研讨会也能加强对新生专业兴趣的引导，激发他们的专业求知欲望，有助于学生之后更好地投身于专业探索。

2. 丰富工程专业课程

随着第四次工业革命的到来，传统工业向智能化现代工业进行转型升级，我国工程高校为满足社会对工程人才多样化的需要，应不断拓宽专业口径和提升通识教育。与此同时，我国高校在进行宽口径教育的基础上，也要加强学生的专业教育。一方面，高校要丰富工程专业课程的内容，及时将最新研究前沿引入工程课程中，剔除落后的知识内容；另一方面，高校也要适当扩大工程专业课程的覆盖范围，丰富专业课程种类，为学生提供更多的工程学习机会，从而保证学生能够掌握必要的工程基本理论、工程知识和工程实践技能，提升其识别与解决复杂工程问题的能力。

3. 积极构建跨学科课程

新工科背景下，传统工业不断进行改造升级，工程行业的发展对复合型工程人才的需求在不断上升。工程人才不仅要具备扎实的工程专业基础，还要具备一定的人文素养，能够进行跨学科资源的整合与应用。科罗拉多矿业大学石油工程专业课程体系的建设对于石油工程人才的培养具有显著作用，其中跨学科石油设计课程的建立在一定程度上开阔了石油工程人才的视野，有助于其从多元维度思考问题。因此，我国高校也应积极构建跨学科课程，打破学科界线，整合多个学科或专业知识体系的信息、数据、技术、视角、概念以及理论。通过跨学科课程的学习，使学生学会比较不同的学科和理论观点，学会使用对比方法阐明一个或一系列问题，其中心目的是促进学生学习的综合化，使学生的知识结构和知识体系成为一个紧密联系的整体，形成整体知识观和生活观，以全面的观点认识世界和解决问题。

6.3.4.3　开展探索性实验教学

以往我国高校的工程专业教学，主要采用的是验证性实验教学，但是传统的验证性实验教学偏重于实验结果和对于原有知识的验证，不能充分体现实验探索未知的意义，从而造成大学生缺乏应有的创造能力，思维呆板，认识问题的方法单一，跟不上工程行业发展对培育人才的新要求[①]。相比之下，科罗拉多矿业大学石油工程专业采用的探索性实验，重在对未知领域的探索，有利于激发学生的好奇心，提高学生的主观能动性，克服学生思维僵化的状态，培养学生思维的灵活性。因而，我国高校也可以采用验证性实验与探索性实验相结合的教学形式，在进行知识实验验证的同时，鼓励学生充分发挥主观能动性进行工程的实验探索，探寻未知的工程现象以及规律等。

6.3.4.4　强化工程实践

1. 建设"双师型"师资队伍

实践教学是工程人才参与到实际工程项目建设中，实现教学与科研紧密结合的重要途径。实践教学质量主要取决于我国高校的工程教育力量，教师能否具备高水平的实践工程能力关乎实践教学工作的成败。我国高校

---

① 刘保磊，杨玲，喻高明. 石油工程专业探索性实验提升大学生创新能力的意义 [J]. 教育教学论坛，2019（19）：268 - 269.

应通过建设学术型和实践型并存的"双师型"师资队伍来强化高校的工程实践教学，保证工程实践项目的顺利进行。一方面，高校可以出资将部分教师送入企业进行实际的调研学习，将理论知识与实践相联系，以加深对知识的灵活应用，并且在实际工程设计与实施中提升教师们的实践动手能力；另一方面，我国高校可以学习科罗拉多矿业大学的工程师资队伍建设，积极主动地聘请企业或产业界优秀的复合型工程人才作为本校的正式教授或客座教授，工程人才可以将自身实践中积累的经验与学生进行分享，促进实践教学活动的顺利开展，进而助力我国工程教育的发展。

2. 实施校企合作

校企合作是工程人才将理论知识与工程实践紧密联系的重要渠道。我国高校可以通过与企业签订合同，让企业为工程人才提供稳定的实践平台，使得工程人才能够定期到企业进行工程实践，并通过实践提升自身的沟通能力、组织能力、合作能力等综合能力，从而形成企业、高校协同育人的培养机制。与此同时，政府应当为校企合作提供一些政策扶持，如税收优惠，为校企合作营造一种舒适的合作氛围。校企合作育人，有助于高校将教学优势与科研优势相结合，提升工程人才的实践能力；同时，校企合作也有助于企业的不断前进，企业通过与高校进行科研合作，可以及时进行前沿科研成果的技术转化，将先进技术应用到工程设计与实施之中，进而保证企业的领先发展地位。

6.3.4.5 加大工程教育发展条件创设的力度

良好的条件保障是人才发展的重要基础。科罗拉多矿业大学为石油工程人才提供的丰厚奖学金、良好的实验环境等，是石油工程人才健康发展的重要条件支持。因而，我国高校也应为工程人才的发展提供良好的条件和氛围。高校的实验室、图书馆等基地是教师进行实践教学、开展科学研究的重要场所，高校要着力推进硬件的建设，让每个学生都能有机会使用实验室资源，而不仅仅是在毕业设计的时候才能有使用实验室设备的机会。与此同时，高校也要为学生国际化交流提供更多的机会，培养学生的国际化思维。此外，高校要围绕学校的培养计划，加大奖学金发放力度，丰富奖学金种类，适当增加奖学金名额，从而更好地激发学生自主学习的动力，也为学生进行工程科学研究提供物质保障。

6.4　得州农工大学石油工程专业

美国得州农工大学创立于 1876 年，是一所以农科与工科见长的公立研究型大学，在石油工程等众多工程研究方面颇有建树，被评为美国 20 大公立科研机构之一。得州农工大学哈罗德·万斯石油工程系是美国顶尖的石油院系之一，在石油采收率研究方面有着悠久的历史，并将持续研究最新信息以改善石油采收率。根据《美国新闻与世界报道》提供的消息，在其他教授石油工程的美国公共机构中，该校石油工程系的本科课程目前在美国排名第一（2019 年），研究生课程在美国排名第二（2019 年）。

得州农工大学石油工程系以其课程、研究和教职人员而闻名。石油工程系有通过 ABET 认证的石油工程学位计划，开设的课程为每个学生奠定了石油工程知识的坚实基础，也坚持要求他们在该行业获得实习经验。这种独特的教育方式为学生提供了成为生产工程师的技能和知识，为将来的终身学习做好准备。

石油工程主要涉及从地球上经济地开采石油、天然气和其他自然资源等内容。这是通过井、井系统的设计、钻探和操作，以及对可在其中找到资源的地下油藏进行综合管理来实现的。

6.4.1　培养目标

得州农工大学石油工程系的愿景为"我是 Aggie 石油工程师"，这是石油工程界最受尊敬、最负盛名的自我定义。其任务包括：创建、保存、整合、转移和应用石油工程知识；培养有能力的未来工程师，并增强现有从业人员的能力。具体要求为如下两个方面。

（1）教育目标。① 毕业生将具备在职业生涯早期成为成功专业人士的技术深度和广度；② 毕业生将具备提升到专业领导职位所需的广泛技术知识和软技能。

（2）毕业要求。① 具有运用数学知识、科学知识和工程学知识的能力；② 具有设计和进行实验的能力，以及分析和解释数据的能力；③ 具有在经济、环境、社会、政治、道德、健康和安全、可制造性和可持续性等现实约束条件下，设计系统、部件或工艺以满足需求的能力；④ 具有在多学科团队中工作的能力；⑤ 具有识别、制定和解决工程问题的能力；⑥ 具有对职业道德责任的认识；⑦ 具有有效沟通的能力；⑧ 了解工程解决方案在全球化、经济、环境和社会环境中的影响所需的广泛教育；⑨ 认识到终身学习的必要性和能力；⑩ 具有对当代问题的认识能力；⑪ 具有综合运用技术、技能和现代工程工具来进行工程实践的能力；⑫ 具有在油藏问题的定义和解决中处理高度不确定性的能力。

6.4.2 培养举措

6.4.2.1 培养方式

得州农工大学石油工程专业的大一课程与大多数工程本科课程是相同的。其本科生优先选择在入学申请中注明专业，并学习相同的一年级工程课程。进入专业的过程是为了让学生掌握自己的未来，以确定至少三个与他们的职业目标和学业成绩相匹配的专业。一般到第三年才确定自己的专业，进行专门知识的学习。

石油工程专业采取严格的学分制度。被列为核心课程的 18 个学时将成为石油工程专业的辅修课程。任何辅修课程都必须达到"C"或更高的等级。

6.4.2.2 学位课程设置

1. 学位课程内容

石油工程学士学位课程已通过 ABET 工程认证委员会的认证。通过 ABET 认证即表明该学位计划符合质量标准，可以培养出准备加入全球劳动力市场的毕业生。

从本质上讲，石油工程课程的目标是提供现代工程教育，在基础知识和实践之间取得适当的平衡，培养能够立即为企业做出贡献并且为终身学习做好准备的研究生工程师；并为石油工业和涉及地下地层流体流动的其他领域，特别是那些涉及钻井、生产、储层工程，以及石油、天然气和其他地下资源运输的专业培养人才。

石油工程本科课程包括充分的基础工程科学培训，使学生为将工程原理应用于石油工业做好准备。例如，地质学课程使学生了解对石油矿床有利的地质构造和条件，在此基础上，增加了石油工程课程，进一步说明了工程原理在石油工业问题解决中的应用。另外，学校还坚持在毕业前使学生积累行业经验或研究经验。

石油工程研究生项目提供硕士、博士学位和课程工作。该项目因其在国家和国际上卓越的教学成就和研究成果而获得认可，目前有来自30个国家的学生参加。[①]

石油工程专业课程目录如表6-15所示[②]。

表6-15 石油工程专业课程目录

学 年		课 程	学 分
第一学年	秋季学期	工科学生普通化学	3
		工科学生普通化学实验室	1
		修辞与构图导论或构图与修辞学	3
		工程实验室Ⅰ-计算	2
		工程数学Ⅰ	4
		核心课程选修	3
		学期学分	16
	春季学期	实验物理与工程实验室Ⅱ-力学	2
		工程数学Ⅱ	4
		工程与科学的牛顿力学	3
		核心课程选修	3

① ATM. Degree Programs [EB/OL]. [2020-08-13]. https：//engineering. tamu. edu/petroleum/academics/degrees/index. html.

② ATM. PETROLEUM ENGINEERING–BS [EB/OL]. [2020-08-13]. https：//catalog. tamu. edu/undergraduate/engineering/petroleum/bs/#programrequirementstext.

学　　年		课　　程	学　分
第一学年	春季学期	二选一　化学基础Ⅱ	3~4
		二选一　核心课程选修	
		学期学分	15~16
	学年学分总数		31~32
第二学年	秋季学期	实验物理与工程实验室Ⅲ-电与磁	2
		物理地质	4
		工程数学Ⅲ	3
		静力学与粒子动力学	3
		工程与科学的电磁	3
		学期学分	15
	春季学期	材料力学	3
		微分方程组	3
		热力学原理	3
		钻井系统简介	3
		储层岩石物理	4
		学期学分	16
	学年学分总数		31
第三学年	秋季学期	石油地质	3
		石油工程数值方法	3
		储层流体	4
		石油生产中的运输过程	3
		技术专题介绍Ⅰ	1
		石油项目评价	3
		学期学分	17
	春季学期	地层评价	4
		油藏工程基础	3

续　表

学　　年		课　　程	学　分
第三学年	春季学期	试井	3
		石油生产系统	3
		低年级试卷竞赛	0
		钻井工程	3
		学期学分	16
	学年学分总数		33
第四学年	秋季学期	夏季实习	0
		油藏模拟	2
		油藏集成建模	3
		生产工程	3
		技术专题介绍Ⅱ	1
		核心课程选修	6
		学期学分	15
	春季学期	综合资产开发	3
		高年级学生论文竞赛	0
		伦理与工程	3
		技术选修课	6
		核心课程选修	6
		学期学分	18
	学年学分总数		33

2. 学位课程要求

（1）课程修满 128 学分，所有课程都要求"C"或更高。

（2）入学的学生将接受数学入学考试。测试结果将用于选择适当的学习开始课程，难度可能有高有低。

（3）在作为大学核心课程选修课的 21 学分中，3 学分必须来自创造性艺术课程，3 学分必须来自社会科学与行为科学课程，3 学分必须来自语言、哲学和文化课程，6 学分必须来自美国历史课程，最后 6 学分必须来自政府、政治科学课程。

从以上课程目录中可以看出，得州农工大学石油工程专业主要包括两个部分——专业课程、通识教育课程。可以选择创造性艺术，社会科学与行为科学，语言、哲学和文化以及美国历史等课程，也可以选择国际和文化多样性以及文化演讲等课程。另外，对于石油工程专业的学生来说，实验教学和实习必不可少。

得州农工大学在通识和专业课程方面，注重两者结合，在通识课程中设置人文社科类课程，如美国政治与历史、哲学和文化等，并且鼓励学生选修一些跨学科课程，如修辞与构图导论或构图与修辞学、伦理与工程等，向学生展示不同学科的研究方法和背景知识，这有利于开阔学生的思维，从多角度分析问题。在专业课程中注重构建学生扎实的基础知识，侧重于工程数学、化学基础以及石油工程专业知识的学习，注重课程的深度与广度。另外，学校也坚持要求每个学生在该行业获得实习经验，比如夏季实习课程。

6.4.2.3　实践教学

1. 实习[①]

得州农工大学要求所有石油工程专业的学生在毕业前至少在一个与行业相关的职位上工作一个暑假。这些暑期工作为学生提供了机会，让学生更多地了解这一职业。学校会提供协助以确保学生能够获得这些工作，通过张贴海报等方式寻求需要实习的学生，并鼓励公司多关注学生的简历。实习工资通常为每月 1 000 至 5 000 美元，具体取决于雇用类型和地点。

学生必须在能源行业担任实习生。毕业前至少需要进行一次实习，并获得 6 个星期的认可经验。

学生还可以参加合作教育计划。该计划是一项学习工作计划，在该计划中，学生将就读大学的时间与在相关行业的工作时间进行轮换。选择此

---

① ATM. Undergraduate Summer Internships [EB/OL]. [2020 - 08 - 13]. https：//engineering. tamu. edu/petroleum/academics/degrees/undergraduate/summer-internships-and-part-time-employment. html.

计划的学生必须达到至少 12 个月的经验才能获得合作教育证书。合作教育计划通过让学生与专业工程师一起工作，提供可以从实践中获得经验的机会。因此，获得合作教育证书的学生既具有学术背景，又具有实践经验，这使其有资格在工程行业中从事更有意义的工作。

2. 石油工程研究①

研究是培养优秀的石油工程师的重要组成部分。得州农业大学石油工程系的资金来自联邦、州、行业和其他方面。2019 年，其研究支出为 6 055 000美元，包括实验室、研究中心、电脑设施。该系拥有 20 多个研究实验室和 4 个教学研究设施。这些资源可供该系研究生进行深入的调查研究，并为该系本科生提供动手实验的机会。

研究领域包括先进的钻井技术、先进的完井技术、非常规储层的天然气水合物、预测模型、储层建模和模拟、非常规储层评估和开发、井增产等。

本科生研究（Undergraduate Research，UGR）是一项由本科生进行的调查，以期能够为该学科做出独到的或创造性贡献。本科生研究体现了大学质量提升计划的高影响力实践，这项计划致力于学生的终身学习。本科生研究的步骤和方法如表 6 - 16 所示。

表 6 - 16 本科生研究的步骤和方法

步　骤	方　法
发现你的激情和兴趣； 参加前期活动：UGR 研讨会、展览会或海报展示； 与 UGR 活动的组织代表交流； 与朋友、同学和导师交流； 与目前参加 UGR 活动的学生交流； 找一位指导教师； 了解你的领域之内和之外的研究； 关注 UGR 社交媒体信息更新； 访问相关网站获取资源和资料	学习研究生课程（291 或 491 学分）； 学习研究方法与探究性课程； 寻找研究助手岗位； 出国留学和学习现场研究课程； 在暑期参与研究，获得研究经验； 实习； 加入研究实验室、小组或研究所； 在教师指导下设计一个独特的项目

① ATM. Petroleum Engineering Research［EB/OL］.［2020 - 08 - 13］. https：// engineering. tamu. edu/petroleum/research/index. html.

3. 石油企业证书计划①

石油企业证书计划（PVP）是与得州农工大学梅斯商学院的财务部门合作设立的。一般认为 PVP 证书持有者是致力于继续深造并为成为行业领导者努力做好准备的学生。PVP 能够让学生经常地接触商业概念、企业家精神、行业领导者，并获得基于案例的学习机会，在此过程中，这些学生能够与商学院的学生一起研究世界级的能源公司，并一起解决相关问题。这种跨学科的环境为这些学生成为行业中的领导者奠定了基础。

PVP 证书对以下学生群体有影响：① 有志于从事能源金融、石油投资管理工作，或目标是石油和天然气公司的高级管理人员，和/或未来会创建和管理自己的能源公司的石油工程专业和金融专业的本科学生；② 正在寻求专业培训的石油工程师和金融专业本科生。石油企业证书计划必修课程和选修课程如表 6-17 所示。

表 6-17　石油企业证书计划必修课程和选修课程

课　　　　程		学　分
必修课程	FINC 409 -金融基础	3
	PETE 201 -石油基础	1
	FINC 351 -投资分析	3
	FINC 361 -管理财务 I	3
	PETE 353 -石油项目评估	3
	PETE 402 -综合资产评估	3
	PETE 418 -确定性储量评估	3
	PETE 408 -概率储量评估	3
选修课程	FINC 422 -应用投资分析	3
	FINC 423 -期货、期权和其他衍生工具	3
	FINC 424 -交易风险管理	3

---

① ATM. Petroleum Ventures Program [EB/OL]. [2020 - 08 - 13]. https：// engineering. tamu. edu/academics/certificates/petroleum-ventures-program. html.

续　表

课　　　程		学　分
选修课程	FINC 427-投资巨人	3
	FINC 443-评估	3
	FINC 449-财务建模	3
	FINC 489-私募股权	3
	FINC 644-为新企业提供资金	3
	PETE 489/453-石油企业	3
	PETE 489/617-石油储层管理	3
	PETE 621-石油发展战略	3
	PETE 622-勘探与生产评估	3

4. 学生组织①

得州农工大学石油工程专业的学生除了暑假有机会参加实习和进行研究之外，学生自发创办的众多社团组织也是石油工程系的一大特色。作为石油工程系的学生，可以根据自己的需求和兴趣加入不同的社团，学院也积极鼓励学生加入此类社团。学院主要有以下社团组织。

（1）石油工程师学会（Society of Petroleum Engineers，SPE）学生分会。该组织的宗旨和目标是传播石油工程各方面的理论和实践知识，促进学生成员的专业发展。

（2）美国钻井工程师协会（American Association of Drilling Engineers，AADE）。创办 AADE 的目的是为得州农工学院的学生提供与油气田的专业人员建立联系的机会，向学生提供有关钻探以及该行业其他趋势主题的信息，并鼓励学生志愿担任领导职务。

（3）国际钻井承包商协会（International Association of Drilling Contractors，IADC）。IADC 的使命是通过赞助网络活动和专业发展活动，为学生、教师和钻井行业专业人员之间的创造性互动提供机会。

----

① ATM. Student Organizations［EB/OL］.［2020-08-13］. https：//engineering. tamu. edu/petroleum/academics/student-orgs. html.

（4）国家石油工程师荣誉协会（Pi Epsilon Tau）。这个以学生为主导的组织的目标是促进其学生成员与工业界之间建立更密切的联系，扩大其成员的活动范围，并保持工程专业的高理想和高标准。

（5）国际学生协会（International Student Association，ISA）。ISA 的使命是通过活动规划和社区参与来提高文化意识，代表和倡导国际 Aggies，并为成员和官员提供提升全球领导技能的机会。

6.4.2.4　师资力量及生源①

得州农工大学石油工程系由 39 位教授和讲师组成，其中包括许多著名的、在全球范围内涉足石油工业领域的教师。该学院的 2 名成员是著名的美国国家工程院院士，20 名成员是石油工程师协会的杰出成员。

得州农工大学石油工程系非常重视种族多样性。以 2019 年秋季本科生为例，从表 6-18 可以看出，学生种族来源具有多元化和国际化特征，以保证不同种族有接受公平教育的机会，有利于不同背景的学生进行思想上的碰撞，提升学生的创造力。

表 6-18　2019 年秋季本科生生源表

类　别	比　例/%
女性	17.30
西班牙裔	18.85
亚裔	7.79
非裔	1.25
多种族	1.87
国际化	23.99

6.4.2.5　特色培养模式

对于石油工程系的本科生来说，如果有兴趣攻读石油工程的研究生学位，那么"快速通道"计划②可以在五年内帮助学生完成理学学士（BS）

① ATM. Petroleum Engineering Directory [EB/OL]. [2020-08-13]. https://engineering.tamu.edu/petroleum/profiles/index.html#Faculty.

② ATM. Fast Track [EB/OL]. [2020-08-13]. https://engineering.tamu.edu/petroleum/academics/fast-track.html.

和理学硕士（MS）或工程学硕士（ME）学位。"快速通道"使学生可以在大三就开始学习研究生课程，因此可以加快这一过程。

石油工程系的学院部门通过将特定的研究生课程替换为所选的本科课程这一方法，简化了"快速通道"参与者的课程。从大三开始，想要参与的学生将参加600级别的课程，获得研究生学分，同时通过"考试积分"满足本科要求。因此，对于参加该计划的学生来说，其可以尽早参加研究生课程，尽早发现所选学科的研究机会，最多可获得四门课程的 BS 和 MS/ME 学位双学分。

6.4.3 特 点

6.4.3.1 专业教育与通识教育并重

在课程设置方面，得州农工大学石油工程专业将专业教育和通识教育并重，这在核心课程和选修课程的设置上有所体现。在核心课程方面，设置了数学、物理、化学、工程和美国历史等课程，重点培养专业能力和职业认同感。在选修课程方面，主要设置了创造性艺术、哲学和文化、伦理与工程等，重点培养人文素养和伦理意识。

6.4.3.2 鼓励本科生参与实践与科研

实践教学是工科学生获得直接的工程经验的有效途径之一。得州农工大学积极组织并帮助学生完成实习。例如，合作教育计划让学生与工程师一起工作，学生可以交叉进行学习和工程实践，在学习的同时有效获得了实践经验，为未来在工程行业发展提供了坚实的理论和实践基础。

研究是培养优秀的石油工程师的重要组成部分。石油工程系专业具有特色的一点就是鼓励本科生参与科研。学校提供充足丰富的研究资源，包括实验室、研究中心、电脑设施等。石油工程系为本科生进行研究提供了详细的研究思路和研究方法，力求激发学生的创造性思维和发散性思维。

6.4.3.3 实践平台丰富，多方协同育人

得州农工大学石油工程系的实习是"因需而定，三方互利"，即学生、企业、学校均能获得长足发展。石油工程系有实习计划，即其与某些石油

生产和相关制造企业长期保持合作关系，为学生提供实习机会。此外，学校还为优秀学生开设了暑假本科研究学习，面向全美国的大学生进行招生，吸引外校优秀学生与本校学生进行交流，这有利于不同思想的碰撞与激发，共同培养拔尖创新人才。

另外，学生自发创办的众多社团组织也是石油工程系的特色之一。例如，石油工程师学会学生分会、美国钻井工程师协会、国际钻井承包商协会等。这些社团组织作为企业、学生、学校之间的桥梁，将生产、学习、研究很好地衔接在一起，为企业、学生、学校三方提供了很大的帮助。通过这些社团，学生可以被顶级的能源企业招募为实习生，通过完成企业的项目以及与专业人士的接触，将理论知识运用于实践，以促进学生全方位的成长。

工程学院的实习形式多样化，实习内容丰富。由于得克萨斯州的石油工业发达，石油工程系的学生比较容易申请到各大石油公司的带薪实习岗位，公司有专门人员指导；学院每学期还会组织若干次去企业参观实习的活动，学生可以选择自己最感兴趣的内容与技术人员现场交流与学习。[①]

6.4.3.4 师资力量雄厚，关注人才培养质量

化工专业要提高人才培养质量，就必须聚焦于教育教学、科学研究以及教师队伍建设上。[②] 得州农工大学石油工程系以其课程、研究和教职人员而闻名。在师资方面，石油工程系由 39 位教授和讲师组成，其中不乏美国国家工程院院士。在学生来源上，石油工程系重视学生种族多样性，以保证学生有接受公平教育的机会。在学分制度上，石油工程专业采取严格的学分制度。所有课程都必须达到"C"或更高的等级。通过高水平的师资力量与严格的学分制度，来确保人才培养质量。

6.4.3.5 专业培养目标具有前瞻性

人才培养目标简单地说就是把受教育者培养成什么样的人的问题，它

---

① 马忠丽. 美国德州农工大学工程学院实践教学探究 [J]. 实验室研究与探索，2013 (9)：207-210.

② 马晓娜，谭文松. 中美工程人才培养模式的比较研究：以化工专业为例 [J]. 化工高等教育，2014，31 (1)：1-8，16.

具体规定着人才的规格和标准，是一切教育活动的出发点和落脚点。① 得州农工大学石油工程系致力于培养有能力的未来工程师。在制定学科人才培养目标时把自主学习能力、人际交流能力、终身学习意识以及对环境负责的态度等放在非常重要的位置。在具体的培养目标方面更加丰富细致，更具有前瞻性，如强调学生自主学习能力等；要求学生在开发利用自然资源为社会服务的同时，关注环境保护的问题，注重环境、社会、道德等方面的可持续发展；要求学生具备参与交叉学科项目组的能力以及具备终身学习的意识和能力等。这些能力是拔尖创新人才不可或缺的。②

6.4.3.6　培养模式灵活，注重学生个性化发展

得州农工大学石油工程系实施个性化的培养模式，培养模式灵活多变。"快速通道"作为一种大学先修政策，有利于拔尖创新人才的培养，使得学有余力的学生能够在保证学业质量的前提下，先修完课程。进阶学习计划使排名靠前的学生可以认真考虑是否在研究生阶段继续深造，来发展他们在工程学方面的全部智力和潜力。另外，工程计划还为学生在医学、法律或商业领域的进修提供了基础，跨学科背景也可以拓展学生的知识面和思维空间。

石油工程系在线提供完整的非论文工程硕士学位计划，学生可以在世界上任何地方学习。石油工程系的继续教育证书可以满足石油工程师和其他专业人士的需求。学生论文竞赛也有助于帮助学生提高在同行和专家小组面前以口头和视觉形式展示技术论文或研究项目的熟练程度。

6.4.4　启　示

6.4.4.1　建构"学科交叉、专通融合"多元化课程体系

在新时代背景下，社会更加需要全面发展的人才。我国高校应该优化课程结构，开设通识教育与宽口径专业教育相结合的课程。通识教育不应只是侧重通识课程的比重，而应更注重课程的质量。通识教育课程的内容

———————————

①　眭依凡. 关于大学人才培养问题的思考［J］. 教育发展研究，2006（5）：30－34.
②　王娜. 石油学科拔尖创新人才培养模式研究——基于三所石油院校实验班的研究［D］. 荆州：长江大学，2015.

应该涵盖自然、社会、人文艺术、伦理与工程等，有利于学生对所学知识的融会贯通。宽口径专业教育是指以学科大类培养人才，而不只局限于本专业人才的培养。[①] 根据得州农工大学石油工程系对石油工程人才的培养经验，我国高校应该多开设一些交叉学科课程，使学生具备多学科背景知识，培养学生的思维迁移能力。

6.4.4.2　明确培养目标

人才培养目标是一切教育活动的出发点和落脚点。目前我国石油工程人才的培养目标均大同小异，在具体的培养目标中，更加注重学生专业知识技能的培养。以得州农工大学石油工程系为例，其在制定石油工程人才培养目标时，把自主学习能力、人际交流能力、终身学习意识以及对环境负责的态度等放在非常重要的位置。工科学生的知识、能力、素质应该协调发展，使学生能够在今后的学习和工作中与时俱进，而不是成为精致的利己主义者。我国高校的人才培养目标中也应该对此有清晰明确的表述。

6.4.4.3　加大研究型教学的比重

得州农工大学石油工程系非常重视本科生的研究型教学，学校提供丰富的研究资源、研究思路和方法，致力于为学生的终身学习提供支持。但我国高校在研究型教学方面有所欠缺，更多倾向于传统教学。我国高校可以借鉴该校多样化的授课方式，如采取发现式、探讨式或者项目协作学习等，课堂上以学生为主，提高课程参与度，以有效培养学生的自主学习能力。另外，要鼓励教师将最新科研项目或者成果带进课堂和实验室，让学生接触到该领域最前沿的知识，激发研究兴趣。

6.4.4.4　开放互联，多方协同育人

我国高校学生实习的问题主要如下：一是课程体系中的实践教学形式单一，除高年级安排实训实践和毕业设计外，大多数高校缺乏综合性实践环节；二是实践教学环节的教学内容深度和广度不够，缺乏跨学科

---

① 王娜.石油学科拔尖创新人才培养模式研究——基于三所石油院校实验班的研究[D].荆州：长江大学，2015.

课程的支撑。[①] 以得州农工大学石油工程系为例，其实习制度灵活多变，实习方式多样，实习保障条件充足，实习平台众多。

我国高校工程类学生的实习应该改变硬性规定，结合学生、企业和学校需求，制定灵活的实习制度。学校和企业要联合出台学生实习的各种保障制度，积极协助学生获得实习岗位，双方确定好实习的实质性内容，不能流于形式，以此来保证学生、企业和学校三方共赢。

6.5 昆士兰大学化学-冶金工程双专业

流程工业工程科技人才的培养是工程人才培养的重要组成部分。作为化学工程领域的国际领导者之一，昆士兰大学有其独特的人才培养模式。本节对昆士兰大学的化学-冶金工程双专业人才培养模式进行了深入探究，发现该人才培养方式有以下几方面特色：双专业模式培养复合型人才、以项目为中心和紧密的产学结合培养学生实践能力、通过专门的机构进行教育创新。它为我国流程工业人才的培养提供了三个方面的启示：通过双专业方式培养流程工业工程科技人才；基于项目和产学合作促进学生实践能力的提升；创设专门机构审时度势进行课程创新与发展。

昆士兰大学化学工程学院是化学工程领域的国际领导者，并且在教学和研究方面拥有超过一百年的悠久历史。这所学校是澳大利亚排名前十的学校之一，在工程领域名列前茅。昆士兰大学的工程课程提供了昆士兰州最多的工程课程选择，有大量不同的专业、双专业和辅修课程。通过主修、双主修和延伸主修等提供的选择范围，学生可以灵活地根据需要的知识深度和广度去选择研究领域。双主修和辅修是一组利用课程中选修条款的课程，因此不会延长课程时间。流程工业工程科技人才的培养即大多采取了双专业的形式，这样的特殊形式为学生提供了实现职业理想的竞争优势，也为我国流程工业工程人才的培养提供了一些启示。本节以该校的化

---

① 崔军. 回归工程实践：我国高等工程教育课程改革研究 [D]. 南京：南京大学，2011.

学-冶金工程双专业为例探求其人才培养的特色。

冶金工程师在确保现代社会的可持续性方面发挥着关键作用。冶金工程师的职责是通过开发、设计和运行等方式，将低价值原料转化为有用的高价值矿物和金属产品，同时还负责设计金属零件、解决相关冶金问题和从事具有重大国际前景的高科技项目等。因此，冶金课程是一门非常重要的课程。

6.5.1 培养愿景

化学-冶金工程双专业具有综合性优势。这个专业结合了广泛的化学工程知识的教育和更专业的冶金课程。通过发掘、设计、制作等一系列过程，可以让目前被视为废品的东西转变成有用的高价值的物品，促进环境和谐发展。昆士兰大学的化学-冶金工程双专业希望将学生培养成为环境友好型的化学-冶金工程双专业工程师，为维持现代社会的稳定贡献力量。化学和冶金工程师在开发、管理和改进以及将矿石变为金属和矿物产品这个过程中起着至关重要的作用。这些工程师非常注重效率和可持续性，他们参与了从破碎、提取、纯化到产品开发和金属回收的全过程，非常符合目前世界上所大力倡导的"环境友好型"理念。灵活的课程设置为学生提供了在传统工程领域和新兴工程领域自由选择的机会。学生通过高度自主选择的学习，最终获得应用自然科学和工程知识解决现实工程问题的能力、沟通交流的技能、团队合作的能力、项目管理的能力以及终身学习能力等。

6.5.2 培养举措

6.5.2.1 课程设置：双专业并重模式

昆士兰大学以双专业的形式培养化学-冶金工程专业人才，其课程设置结合了化学工程教育和更专业的冶金课程，为学生提供了矿物和制造行业所需要的经验和技能。

在具体的课程设置上，昆士兰大学主要以学年为顺序安排课程。昆士兰大学的课程安排较少，工科类专业每个学期只进行4门学科的修读，总共修满 56 个必修学分和 8 个选修学分即可以达到毕业要求。课程设置较为宽松的原因是该学校认为单纯依靠课堂内知识的传授是不够的，远达不到对学生的要求，所以教师在授课时主要讲解他认为很重要的东西，其他知识需要学生在课后自我学习。

通过调研发现，昆士兰大学的教授在每堂课都会列出理解这堂课内容的参考资料，而且要求学生必须在规定的时间内完成这些资料的学习才算完成任务。因此，学校为学生提供了充足的课余时间，学生可以组成团队在自习室或学习中心互相讨论交流，通过这样的学习模式切实提高学生学习的能动性①。这一特点不同于国内部分高校把学生时间安排得很满，导致学生没有时间进行思考和讨论的情形，值得借鉴。

昆士兰大学还有"弹性第一年"的做法，即在学习的第一年，学生可以选择自己的专业，也可以选择"弹性第一年"。"弹性第一年"让学生可以自由选择自己感兴趣的课程进行选修，体验各类工程学科，在第二学年开始时再选择专业。从化学-冶金工程双专业的课程安排中也可以看出，第一学年必修的课程仅有 4 门，都是工程学里基础且必备的知识，给学生较大的空间和时间去选择自己的方向。第二学年开始学生才接触化学与矿物相关的课程，学习与化学工程相关的知识，为之后的冶金工程课程学习打下基础。第三个学年开始学生会接触专业的冶金工程知识，综合学习火法冶金、选矿等相关内容。最后一个学年学生会学习流程工业运行过程中的知识和更专业的冶金工程知识，相关课程会培养学生的风险意识，使其关注冶金工程中存在的风险问题。学校会专门安排一个学期让学生参与到实践中，去企业实践自己所学知识，并将完成冶金设备设计作为自己的最后一门课。化学-冶金工程双专业也提供了大量的选修课以供学生选择。从该专业提供的选修课来看，其十分注重绿色和环保，且包含了人道主义工程、工业废水和固体废弃物处理等，培养学生的环保意识，并教会学生如何正确对工程废弃物进行处理以及如何正确对待环境等。

化学-冶金工程双专业必修课表如表 6-19 所示。

① 焦万丽，张磊．浅谈昆士兰大学高访的收获与体会［J］．山东化工，2019，48（7）：182，184.

表 6-19 化学-冶金工程双专业必修课表

学 年	第一学期	第二学期	学 分
第一学年	工程设计（2学分） 工程建模与问题解决（2学分） 工程设计、建模和问题解决（4学分） （从以上3门课中选修4学分） 微积分和线性代数Ⅰ（2学分）或高级演算与线性代数Ⅰ（2学分）（选修其中1门） 多元演算与常微分方程（2学分）或高级多元演算与常微分方程（2学分）（选修其中1门） 化学1 工程热力学		12
第二学年	工艺原理 化学2 微积分和线性代数Ⅱ/ 高级微积分与线性代数Ⅱ	流体与粒子力学 工程调查与统计分析 工程物理化学 矿物的理化处理	14
第三学年	传热传质 化学热力学 过程系统分析 工艺矿物学和粉碎	反应工程 过程建模与动力学 矿产和煤炭选矿 火法冶金	16
第四学年	流程工业中的风险 过程与控制系统综合 浮选 水溶液处理与电冶金	专业实践和商业环境 冶金设备设计	14

　　昆士兰大学也以领先的课程开发而著名。该校的教学团队在领导课程开发和新教学方法的创造性应用方面获得了许多奖项，并获得了多项国家拨款以转变工程教育的模式。昆士兰大学也是澳大利亚第一所实施综合工程学士/硕士学位的大学，可提供高级课程内容。其在课程的开发和创新方面一直处于领先地位。

6.5.2.2 教学方式：翻转课堂与网络教学的应用

　　昆士兰大学工科的教学方式非常丰富，除了传统的讲授法以外，还包含翻转课堂和网络教学方式等。

　　昆士兰大学工科的一大培养特色是翻转课堂。该校以创新的翻转课堂学习方法引领国际潮流，从一开始就要求学生们"像专家一样思考和行动"。2012—2017 年，澳大利亚政府教与学办公室（OLT）资助了一个名为"彻底变革：通过翻转课堂在全球学习合作伙伴关系中重塑工程教育"（Reimagining Engineering Education Through Flipping the Classroom in a Global Learning Partnership）的项目。在昆士兰大学的领导下，该项目通过翻转课堂模型探索了变革性课程的开发，出现了一种以在线视频内容代替传统课堂，并将其与校园内的协作式主动学习相结合的模式。其运行模式分为以下几步：首先是网络教学，教师把教学视频发布到网络上让学生自由观看，赋予学生较大的自由；其次是课中讨论，教师和学生就学习过程中遇到的问题进行面对面的交流，或采取小组合作的方式进行讨论；最后采取在线测验的方式对学生的学习情况进行综合评估，成为可以进行下一阶段学习的依据。这样的教学方法更加注重学生的个性化发展，对学生的学习给予了较大的自由，课堂时间主要花在基于协作的学习与讨论中，为学生创设了灵活有序的教学环境①。同时，翻转课堂的形式更加要求其教学内容的重点性，昆士兰大学在实施这个项目的过程中向学生展示的视频非常简短，大概只有十几分钟，所以更要求教师利用有效的时间去把握教学重点、帮助学生理清思路等。

　　走在学术尖端的网络教学方式也是昆士兰大学的一大培养特色。昆士兰大学是全球领先的大规模开放网络课程（MOOC）联盟的成员，并与哈佛大学、麻省理工学院共同开发 edX 上的课程。来自世界各地的学生能够在昆士兰大学许多一流学科的教学领域中学习，该校的学生也可以充分利用这些资源扩展自己的跨学科视野。

　　该校还有专门的电子学习空间。有效的技术为学生和教师提供了共享资源，使其可以获得其他学习资料。这个电子学习空间提供了协作和交流的工具，如博客、讨论板、维基和虚拟空间等。这些工具为学生和教师提供了建立网络、协作和传播无障碍信息的机会，允许学生和教师参加虚拟

　　①　代宁，何璇，张国正. 澳大利亚高校本科翻转课堂教学模式实践与启示——以昆士兰大学为例［J］. 黑龙江高教研究，2016（5）：62–64.

课程和网络研讨会。该空间还包括一套评估工具，供教师发布同行评估和自我评估，也包括了学生反应系统以及组织在线作业提交和评分的系统。

6.5.2.3　培养模式：通过项目中心与产学结合培养实践能力

昆士兰大学致力于培养复合型人才，是理论-实践型人才培养的示范高校。该校以项目为中心，基于团队和基于问题的学习方法已被公认为是全球最佳实践。澳大利亚昆士兰大学项目中心型课程（Project Centred Curriculum，PCC）被公认为是工程课程改革的国际基准，并被 2012 年 3 月发布的英国皇家工程院《实现工程教育的卓越：成功变革的要素》报告誉为世界上顶级的工程教育实践之一，真正地提高了学生的工程实践能力。该项目在原有课程的基础上，切入围绕教学活动中心的"项目"，让学生们就这一"项目"进行模拟解决真实的项目问题的活动，提出方案，切实提高学生实践能力。项目中心型课程的项目部分一般由 4~6 名学生所组成的团队完成，持续时间为 6~13 周，每个项目都必须制作出解决方案的工程模型，在每学期第 13 周进行演示和测试，并提交专业的工程报告。项目中心型课程鼓励学生像一个专业工程师一样思考，通过完成项目的工程解决方案、工程模型来提高学生的工程实践能力[①]。项目中心型课程主张学生自己动手去参加工程设计项目，从而通过真实的体验将知识和专业实践结合在一起，提高学生对实际问题的分析能力与团队合作能力，使其培养出的人才更适应工作，更能被大企业所认可，并为国家做出贡献。

昆士兰大学在产学结合人才培养方面表现突出。该校与全球领先的组织合作，以改善昆士兰大学学生群体的学习体验。从学生的奖学金和助学金，到对工程基础设施和工程教育研究资源的计划支持，行业合作都起了很大的作用。这一点对于该校维持工程领域的领导地位是不可或缺的，也为培养具有高层次行业相关能力和技能的毕业生做好准备。除此以外，昆士兰大学也有自己的校内研发中心，如 HBIS－UQ 可持续钢铁创新中心、湿法冶金集团、火法冶金创新中心等，学生在毕业之前都需要在企业或者

---

① 夏国萍. 基于实践能力培养的工程教育课程改革——以昆士兰大学项目中心型课程为例 [J]. 北京航空航天大学学报（社会科学版），2019，32（3）：135－142.

校内的研究所进行一个学期的实习，达到实践要求的学生才可以毕业，紧密的产学合作为学生们提供了很好的平台。

为了提高学生的实践能力，昆士兰大学化学-冶金工程双专业在注重专业技术知识的同时还强调工作场所所需的基本技能，如沟通、团队合作、项目管理、解决问题和终身学习等。昆士兰大学致力于通过对工程人才全方位的培养以满足社会的需要。

昆士兰大学为人才培养提供了高端的教学设备。学校有专门的沉浸式3D可视化实验室。其中，采矿作业虚拟实践环境提供了采矿作业所需的视觉和听觉体验。它使学生在安全、可控和有监督的环境中进行体验式学习，并对采矿的过程有所了解。教室设有三个相连的屏幕，可投射高分辨率图像，使学生可以使用控制器在虚拟空间中导航，"身临其境"地学习。学校也设有各类学习中心，为学生提供灵活且舒适的社交学习空间，使学生可以聚集在一起，共享想法，互相帮助并进行社交。学习中心设有一个宽敞的开放式区域，配有现代化的展位式座椅和数据投影仪等设备，以鼓励协作学习和思想交流。四个分组讨论室中的每一个均配备40英寸①液晶显示屏、白板和笔记本电脑，以供学生主持会议，练习演示和处理小组项目，使学生可以聚在一起就共享项目进行合作，并鼓励学生思考、探索和创造，锻炼自身的合作表达等能力。

6.5.2.4 对外交流：专人负责

昆士兰大学是一所国际化程度非常高的大学，这所学校在各个学院分别设有专门负责国际事务的副院长，该职位扮演了一个广泛的角色，包括负责国际合作伙伴关系和学生招募活动的战略领导，同时它也代表大学的一系列合作伙伴组织和个人。在化学-冶金工程双学位所属的学院中，就有专人负责这些事务。该负责人除担任教授和研究职务外，还领导和发展了学院国际领域的战略管理。同时，该学院拥有一支敬业的国际开发团队，将多元文化社区的发展放在首位，为所有学生营造一个温馨的环境。在2020年，工程建筑及信息技术学院与昆士兰大学学生之声团队合作开

---

① 1英寸＝2.54厘米。

展项目，以更好地了解应该如何为国际学生提供支持和帮助，这种以学生为本的环境也在不断吸引着各国优秀人才。

6.5.3　特　点

6.5.3.1　采取双专业模式培养复合型人才

昆士兰大学通过大量不同的专业、双专业和辅修课程来培养工程人才。通过主修、双专业、扩展专业、辅修等形式，学生可以灵活地根据需要的知识以深度或广度的方式去学习研究领域。双专业主修和辅修是一组利用课程中选修条款的课程，在不会延长课程时间的同时使学生接触到更多的知识。扩展专业可以提供更集中的学习课程，而辅修则提供除专业之外的、与专业互补的工程研究领域的学习。这些学习选择为学生提供了实现职业理想的竞争优势。

大多数工程专业可以开展双学位学习。同样，在流程工业，如化学－冶金人才的培养上即采取了双专业的培养形式。冶金从本质上来讲涉及物理和化学知识的工艺，随着物理和化学在冶金中的成功应用，它才从工艺走向了科学，有了冶金工程这个专业。冶金和化学是密不可分的，想要学好冶金工程，那么扎实的化学基础是必需的。昆士兰大学采取双专业并重的方式培养人才，使学生能充分地利用好在校时光，也避免了学生一味追求专业知识而忽略基础知识的现象出现，培养了具有化工、冶金双技能的人才，使学生在就业方面有了更大的选择空间。

6.5.3.2　通过多举措提升学生实践能力

格外注重学生实践能力的培养是昆士兰大学流程工业工程科技人才培养的一大特色，无论从项目中心型课程还是紧密的产学合作来看，这一特色非常突出。以项目为中心的教学方法主要是把与课程相关的工程项目交给学生，让学生以小组合作的方式写出报告，切实体会解决工程问题的过程，也亲自实践了自己所学的知识，把知识与实践很好地结合在一起，提高自身的实践性，在之后进入真正的工程作业时不会毫无经验、手足无措。

工程教育改革的三大战略之一即产学结合，而产学结合度是一所学校人才培养质量的重要因素①。昆士兰大学的化学-冶金工程双专业非常注重学生实践能力的提升，与企业界的合作很密切，无论从奖学金与研究项目的资助还是为学生提供的实习机会来看，企业都起了很大的作用。该专业也有很多自己的研究中心等方便学生真正接触到冶金工程，成为理论-实践复合型人才。

6.5.3.3　专门机构推动教育创新

昆士兰大学非常注重教育创新，且创设一个称为提升学生体验（Enhancing the Student Experience，ESE）的团队去追踪时代前沿，与教师和学生的需求相联系，不断进行教育创新。ESE团队由教育设计师和教育研究人员组成，通过变革性的教育经验改善学生的学习。ESE团队的成员大都有着非常丰富的课程开发、设计、评估的经验，主要职责是为课程设计和开发提供咨询，对课程和计划进行循证评估，通过与学校团队合作来支持融合教育技术和创新，对学生的专业发展和学术观念进行教育研究等。ESE团队促进以学生为中心的教学，提倡积极灵活的学习方法以改善学生的学习成绩，并为教师们提供教学经验和实践。为了实现愿景，团队提供了咨询服务和各种资源，并就以下项目进行合作：培训与指导如何使用混合灵活的电子教学工具；与学者合作进行教学项目，从而提升学生的学习能力；提供培训、指导和资源以促进课程更新、发展和复查。ESE团队通过与教职员工合作，设计、开发和实施以学生为中心的课程，嵌入电子学习技术、资源和教学方法，并对其进行评估，以改善学生的学习体验和教职员工的教学体验。

ESE团队使昆士兰大学能够保持在技术研究和课程设计的前沿，并不断推动教学实践的创新。学校翻转课堂等新颖的教学模式和创新也更加符合当代绿色、环保理念的课程创建。学校还不断向企业界科学与工程教育的优秀专家学习，创新合作伙伴关系，以增强他们所培养出的人才对整个社会的适应性。

---

① 查建中，何永汕.中国工程教育改革三大战略 ［M］.北京：北京理工大学出版社，2019.

6.5.4　启　示

6.5.4.1　通过双专业方式培养流程工业工程科技人才

　　流程工业对工程人才的要求非常高，专业复合型人才的培养很有必要。我国的双学位大多采取以一门专业为主，另一门专业只学习一到两个学年即可完成的形式，且大多以跨学科的形式存在。这样的人才复合型比较强，但仅仅用一到两个学年培养出的人才是否可以真正达到它所需要的标准却很难衡量，学科是否能融合也需进一步思考。昆士兰大学的双专业模式很好地避免了这一点，两个专业并重的模式非常值得我国借鉴。同时，在第一学年以"大类"去培养人才，采取弹性的做法，可以使学生接触到基础知识的同时思考自己喜欢的专业。但目前我国大多数的学校还是在高考后直接以专业的形式让学生填报志愿，学生对自己未来的想法比较少，很容易在选择专业的时候发生失误，产生倦怠。因此，我国应该学习昆士兰大学这种既注重学生兴趣又注重学生综合能力的培养方式进行大类招生，开设较多的双主修、辅修等项目，培养复合型流程工业人才。

6.5.4.2　项目中心、产学合作促进学生实践能力提升

　　工程教育在发展的过程中出现的最大问题即"非工化"问题，无论是教师的非工化还是学生自身实践能力的不足都影响着工程人才的培养。大学中的工程教育确实应该有别于专科实践型的培养模式，但是也要避免学生仅仅成为一个理论型人才，缺乏必备的实践能力。流程工业遇到的问题也很多，我国应该充分利用好这些问题，与学生的课程相配套，让学生针对这些问题给出自己的方案，在培养学生实践能力的同时也培养学生的创新能力。另外，我国在产学合作这一方面一直存在较多的问题，如学校的实践基地发展不成熟、创新成果无法切实转化等。对于这一方面，我国需要引起重视，高校应加强与产业界、研究所的合作，给予学生方便的平台去提高自身的实践技能，让学生切实体会在从事流程工业时可能遇到的问题，提高自己的风险意识和责任意识，增强自己适应社会的能力。教师在日常的教学中应该潜移默化地锻炼学生的沟通能力、表达能力，也应该通过开展小组合作等方式去锻炼自己的实践技能。

6.5.4.3 创设专门机构研究课程创新与发展

教育创新是建立世界一流大学的必由之路。流程工业人才也需要适应社会的发展，不断进行创新。对于"创新"这一理念，如果仅由学校领导和教师慢慢摸索，其进步是非常慢的，我国也可以倡导在学校内创设一个专门负责创新的团队，对人才培养的方方面面都进行审时度势地创新。面对当下更加绿色、安全的理念，我国在流程工业工程科技人才的培养上也应该进行课程创新，学习昆士兰大学的一些课程设置，培养学生的工程安全意识观和环保观；可以通过类似于"翻转课堂"的教学形式开展网络教育，线上线下相结合与学生探讨流程工业可能出现的问题，探究学生自己的想法，培养学生独立思考与创新的能力；走在教育界的前列，去吸收国内外优秀的教学经验、与组织深入合作等。因此，在教学团队下设置创新团队非常有必要。

6.6 科罗拉多矿业大学冶金工程专业

科罗拉多矿业大学的冶金工程专业有着得天独厚的优势。科罗拉多州位于美国的中西部，该地区属于山区，有金属等多样的矿产资源。科罗拉多矿业大学的创办也与科罗拉多州金银矿的开采有关。因此，该州的法案也规定科罗拉多矿业大学在冶金等领域具有特殊的使命。

6.6.1 办学理念与培养目标

6.6.1.1 办学理念

科罗拉多矿业大学的冶金工程专业在发展时既立足于自身实际又放眼全球，致力于解决全球在冶金上面临的难题，希望在冶金人才培养和冶金研究方面具有一席之地。正如科罗拉多矿业大学战略处的副总裁奈杰尔教授所说："科罗拉多矿业大学虽然是一所规模较小的学校，但是我们要为全球服务，为地球的能源环境问题贡献出自己的一份力量。"2014 年是科罗拉多矿业大学创办 140 周年，时任校长提出了科罗拉多矿业大学在未来十年的发展目标：① 如果有重来的机会，95% 的毕业生仍会选择报考本校;② 相关科研经费超过一亿美元;③ 提高本科生的就业率;④ 优势学科成为同类高校中的前 10 名;⑤ 打通多样化的筹资渠道且与企业协同发展;⑥ 各项教学活动以学生为中心;⑦ 继续提高学校在业界的知名度和影响力。在每个阶段,科罗拉多矿业大学都会有一些大胆的理念和创想。正是由于这些大胆的办学理念与实践,科罗拉多矿业大学才有望在冶金界做出更大的贡献。

6.6.1.2 培养目标

科罗拉多矿业大学冶金工程专业的培养年限为 4 年,符合毕业要求的学生可获冶金工程学士学位。冶金和材料工程专业承担主要人才培养的任务。学校致力于培养学生扎实的冶金基础知识。学生须学会从矿物中提取金属或金属化合物,同时使用各种特殊的加工方法冶炼成金属材料。毕业生多数能在毕业后的几年内达到较高的技术开发水平,能够以书面、口头或图形的方式展示自己的专业设计方案,并且具备良好的团队合作和组织领导能力。除上述基本技能外,毕业生还应具备一定的人道主义工程思想。自 2003 年以来,科罗拉多矿业大学博尔德分校实施了一个"人道主义工程"的项目,并将"保护地球环境以改善人类生存"作为重要使命。鉴于学生毕业后从事的工作将对社会和自然的发展产生重大影响,科罗拉多矿业大学在本科培训期间便极为强调一些特定的学习目标,即毕业生不仅应具备良好的专业知识和技能、团队合作精神和创新意识、沟通技巧和专业适应能力,还必须在职业培训活动中表现出道德和行为的正直以及对社会的责任感,尤其是对服务对象生活和经济环境的保护主义意识。它旨在培养学生的工程道德意识,以便学生可以更全面、更深入地了解工程建设实践对社会的影响,这也有助于毕业生更好地履行社会责任。

6.6.2 培养举措

6.6.2.1 课程设置

1. 课程体系

科罗拉多矿业大学冶金工程专业的课程体系包括专业基础课程、专业核心课程和通识类课程。其中,专业基础课程包括电冶金、火法冶金、湿法冶金等课程；专业核心课程包括冶金生产、有色金属冶炼和黄金冶炼等课程。这些冶金或冶炼方面的课程的开发旨在激发学生多方位的冶金专业技能，实现学生冶金方向的综合能力的开发。科罗拉多矿业大学规定了所有课程的课时数，其中也包括实验课的课时数和常规课堂的课时数。学校会在学生完成规定的课程后再免费赠予一些选修类课程学分，供学生自由选择。科罗拉多矿业大学的课程评价体系也独具特色。每门课程都会列出主要评价点以及次要评价点①。

在每门课程结束后学校会让学生进行一次课程评价，此外，在学生毕业前学校也会针对冶金工程专业的学生开展一次课程综合性评价，从而为教师改进教学提供事实依据以及形成有效的反馈机制。在课程教学方面，学校给予教师充分的自主权。教师可自主选择研讨课、问题导向课以及案例研究课等课程教学形式。

2. 副修计划课程设置

科罗拉多矿业大学最有特色的课程系统在于 2003 年起开展的"人道主义工程"副修计划课程。该计划旨在培养学生的社会责任意识和工程伦理，从而培养造福人类的工程师。在此计划和理念的指导下开设了一系列相关的课程（表 6 - 20）。

表 6 - 20 "人道主义工程"副修计划课程设置②

课程模块	课程组	课 程 名 称	学分	选课要求
人文模块		伦理学导论	3	从两门课程中选择 1 门
		政治哲学与工程	3	
		发展中国家的工程文化	3	从 5 门课程中选择 2 门
		为世界更好而提出建议	3	
		工程与国际化发展	3	
		人道主义工程	3	
		非洲的危机	3	

① 刘嘉铭，吕伊雯，张力玮. 立足自身优势 彰显办学特色 推动创新发展——访美国科罗拉多矿业大学校长保罗·C. 约翰逊 [J]. 世界教育信息，2019，32 (11)：3 - 7.

② 雷庆，胡文龙. 工程教育应培养能造福人类的工程师——美国科罗拉多矿业学院"人道主义工程"副修计划的启示 [J]. 清华大学教育研究，2011，32 (6)：109 - 116.

续 表

课程模块	课程组	课 程 名 称	学分	选 课 要 求
社会模块	美国课程组	美国政治经济	3	在同一课程组中选择2门课程
		法律和立法系统介绍	3	
		环境政策	3	
		水政策	3	
	拉丁美洲课程组	拉丁美洲的国际经济政策	3	
		拉丁美洲的发展	3	
		环境政策	3	
		腐败与发展	3	
		美洲的融合	3	
	亚洲课程组	亚洲经济	3	
		亚洲的发展	3	
		腐败与发展	3	
	非洲和中东地区课程组	中东政治与经济	3	
		非洲政治与经济	3	
		腐败与发展	3	
	经济学与商业课程组	环境与资源经济学	3	
		工程经济	3	
		能源经济	3	
		发展经济学	3	
		外语	3	经主管人员同意,可任选1门课程替换以上课程组中的1门
		麦克布赖德荣誉课程	3	
工程技术模块		小型可再生能源系统设计实践	3	从5门课程中选择1门
		地下水制图	3	
		应用非常规材料进行建筑设计	3	

续　表

课程模块	课程组	课　程　名　称	学分	选课要求
工程技术模块		理解滑坡	3	从5门课程中选择1门
		控制系统应用	3	
		小型可再生能源系统设计实践	3	
		地下水制图	3	
		应用非常规材料进行建筑设计	3	
工程实践模块		交叉学科工程实验Ⅰ	1.5	所有课程均必修
		交叉学科工程实验Ⅱ	1.5	
		高级设计Ⅰ	3	
		高级设计Ⅱ	3	

6.6.2.2　教学方式

科罗拉多矿业大学冶金工程专业的教师非常注重培养学生独立思考的能力。他们的教学都是基于理论知识来进行实践应用培训的，在课堂上注重师生的有效互动，强调冶金工程这一学科的前沿研究进展。在进行行业培训时，其也辅之以一定的短期课程与专业会议培训。著名的业界专家克罗尔博士遗赠了巨大的财政资金给科罗拉多矿业大学，为其各项教学的开展提供了多方位的保障。科罗拉多矿业大学冶金工程专业的各项教学围绕着克罗尔提取冶金研究所而展开①。

6.6.2.3　培养模式

科罗拉多矿业大学冶金工程专业有志于培养全球一流的冶金工程师。为了达成这一目标，该校从本科生到研究生的一系列人才培养模式上都十分强调专业学习。

1. 本科生培养模式

科罗拉多矿业大学在培养冶金工程专业本科生时，要求其学习一些相

---

① 张元中. 科罗拉多矿业学院地球物理系导师培养研究生的模式及启示 [J]. 石油教育，2011（3）：67－71.

关的核心课程，此外还有与获取学位有关的课程。学校规定大一新生须学习 32 学分的核心课程，从大二开始再酌情考虑学位相关课程的学习。学校对于冶金类核心课程的学习十分重视，核心课程的学习贯穿于整个本科培养阶段①。

2. 研究生培养模式

科罗拉多矿业大学具有授予学术型硕士、专业型硕士和博士这三类研究生学位的资格。冶金类专业型硕士只需修满学分和完成实习实践环节即可毕业，冶金类学术型硕士和博士在修满学分、完成实习的基础上还须参与一定的科研工作，完成学位论文以及更高层次的相关论文才能获得相应的学位。科罗拉多矿业大学冶金工程专业培养模式的一个显著特点就是和冶金界保持着密切的联系，十分重视学生实践能力的培养。

6.6.2.4 实践活动

冶金工程专业是科罗拉多矿业大学"最耀眼的名片"之一。自 1874 年建校以来，科罗拉多矿业大学为冶金界培养了大量的人才。科罗拉多矿业大学的课程教学中，常常包含社会考察、实操练习、实验和计算机仿真模拟等实践活动环节，此类实践活动也是课程考核的重要组成部分。相关的实践活动包括将各类化学资源和矿物通过一定的方法转化为金属，致力于新型材料的合成，精炼出高性能的材料等。在日常生活中的各类消费品中，时常能看到"冶金技术"的身影。科罗拉多矿业大学冶金工程专业的各项实践活动也促进了相关材料在物理和化学等层面的新型研究进展。

6.6.2.5 对外交流

1. 学生群体的国际化

科罗拉多矿业大学冶金工程专业的生源不断呈现出国际化趋势。科罗拉多矿业大学本身就具有明显的学生群体国际化趋势，在学校中，有 41% 的学生并非来自科罗拉多州，其中 15% 是来自世界各国的国际学生。国际学生学术服务中心（The International Student & Scholar Services Office, ISSS）是科罗拉多矿业大学为国际学生专门设立的管理机构。该中心负责

---

① 董霁红，许吉仁. 矿业特色本科人才培养模式国际比较 [J]. 中国地质教育，2015, 24 (1): 133-138.

的事务较多，包括留学生的申请入学、相关法律条例的起草和留学生的学习生活协助等。

2. 教师队伍的国际化

科罗拉多矿业大学冶金工程专业的教师队伍也呈现出国际化的趋势，注重吸纳国外的优秀师资。在某些时间段，冶金工程专业的国际教师比例甚至达到了30%~50%。

3. 项目合作的国际化

科罗拉多矿业大学的对外交流也体现在项目合作的全球化视野。科罗拉多矿业大学冶金工程专业的师生与国际冶金界保持着密切的联系，注重国内外各项前沿性学术研究的进展。国际职业发展研究所（International Institute for Professional Advancement，IIPA）为国内外各类冶金工程的专家提供关于冶金方面的高质量远程课程。科罗拉多矿业大学还为一些新成立冶金工程专业的大学提供各项咨询服务，后又与其发展为协同合作关系。科罗拉多矿业大学通过各个渠道让毕业生走向国际，从而也使得科罗拉多矿业大学在国际冶金界具有强大的影响力。

6.6.2.6 学术培养

1. 冶金技术转让办公室

冶金技术转让办公室（The Office of Technology Transfer，OTT）是科罗拉多矿业大学为实现"产学研"一体化发展而设置的，OTT的运行有利于将校内的冶金技术成果惠及全州公民。OTT在冶金技术成果转化的过程中强调四大原则：① 坚持公平的回报；② 寻找协同发展的合作伙伴；③ 为合作伙伴提供便利；④ 注重自身的学术使命感。OTT与冶金行业的企业家、学科带头人和政治家保持着密切的联系，承担着一个联系纽带的作用。这在冶金技术成果转化中发挥着重要的作用，在冶金工程研究成果推向市场的过程中也满足了其他利益方的诉求。

2. 搭建冶金创新平台

科罗拉多矿业大学在搭建冶金创新平台时十分注重与社会冶金业的需求对接，十分注重相关研究成果对冶金实际效用的促进作用，强调社会效益的产生。科罗拉多矿业大学搭建冶金创新平台也有利于将冶金研究成果转化为实际应用，从而为社会服务。

3. 与冶金界的联系密切

科罗拉多矿业大学冶金工程专业对学生的学术培养还体现在与学生、企业和产业的密切联系中。学校会让社会上的冶金研究人员、矿物类企业家、工业从业人员、金属矿物投资者以及政策的相关制定者都参与到学生的学术培养中来。相关社会群体为师生的学术研究提供物质等方面的保障。师生再将最新学术研究成果应用于冶金实践中，回馈给社会，为冶金界解决实际问题。

6.6.2.7 师资力量

科罗拉多矿业大学冶金工程专业有着雄厚的师资力量，教师多为国际认可的专家。这得益于科罗拉多矿业大学有一套严格且固定的教师招聘制度。由于冶金工程专业的特殊性，科罗拉多矿业大学冶金工程专业的教师招聘具有"不拘一格降人才"的特点。其采用的是用人机会均等制度（Equal Employment Opportunity Policy，EEO）。冶金工程专业选择教师时注重其专业素养与潜力，从来不会因为性别、种族、肤色、宗教信仰和国别等方面的因素影响教师的筛选。科罗拉多矿业大学冶金工程专业 EEO 招聘政策的实施，使得其师资队伍十分强大，并且独具特色。冶金工程系的教师具有不同的学术背景，有冶金届的一线从业人员，有专注于冶金学术研究的科研人员，有矿产类公司的企业高管等。各类不同的"血液"汇入其中，使得科罗拉多矿业大学冶金工程专业焕发出了别样的生机，教师队伍在年龄结构上也十分合理。

6.6.3 特 点

科罗拉多矿业大学冶金工程专业之所以在国内外享有如此高的声誉，与其自身鲜明的专业特色密不可分。

6.6.3.1 以实践为核心的课程体系

1. 实践类课程优势明显

科罗拉多矿业大学提供冶金工程专业的实践性课程，通过对冶金工程专业的调查可以发现，该专业的课程具有明显的应用性、前沿性和实践性的特点。这些应用性课程是以解决冶金中的实践问题为出发点，注重理论性基础知识的应用，而大量的社会性课程也说明冶金工程专业在课程设置上对实践的重视。注重社会调查不仅体现在单独开设的社会性课程上，还体现在长时间或短时间的社会实践中。此外，学生也十分注重理论知识的学习，这些实践性课程在进行介绍时都明确指出，须与学生一起讨论学科的前沿与热点问题。科罗拉多矿业大学在成立之初便提出要为当地的冶金领域做出贡献，因此，其在冶金类课程设置和相关专业的排布上都十分集中，近年来逐渐形成了以"工程教育体系""能源体系""环境体系""冶金体系""社会-经济-政治体系"为核心的工程教育实践性课程体系。冶金工程专业的实践性课程在美国独树一帜。科罗拉多矿业大学冶金工程专业自创办以来就不迷信权威，不追赶潮流，立足于实践，坚持自身特色发展。

2."小而精"的实践课程体系

科罗拉多矿业大学是一所名副其实的"小学校"，主要体现在教学规模较小，在校生通常为五千人左右。在 1883 年举行的第一场毕业典礼上甚至只有 2 位毕业生。因此，科罗拉多矿业大学起初给自己的角色定位便是"一个虽小，但是专门化的工程教育研究型大学"。在往后的发展中，"小而精"的办学特色愈加体现了出来。科罗拉多矿业大学在创办之初就提出自身在冶金工程专业上具有重要的时代使命。因此它在冶金相关专业上做大做强，立足于"小学校"，开展多样化的实践性活动，从而成为美国工程教育学界备受推崇的实践性高校之一。

6.6.3.2 以质量为目标的培养机制

科罗拉多矿业大学对学生的培养要求较高，主要体现在课程学分要求高、学分绩点要求高、考试通过要求高。

1. 课程学分要求高

科罗拉多矿业大学冶金工程专业要求硕士研究生的最低学分为 36 学分。其中 24 学分为课程学分，12 学分为研究学分。24 学分的课程学分与我国相关专业硕士研究生的培养计划相近，较为有名的有中国石油大学等。冶金工程专业的博士研究生所需的学分要求更为严苛，须修满 72 学分的课程学分。其中包括48个课程学分和24个研究学分。48个课程学分又分为24学分的普通选修课学分与24学分的导师任务学分。博士研究生的学分要求高于我国相关专业博士研究生的学分要求。例如，中国石油大学相关专业的博士研究生仅须完成14门课程的学分，一般不会超过48学分①。

与国内高校相比，科罗拉多矿业大学对博士研究生课程的学分要求更高。我国高校的课程通常按照公共文化基础理论课、专业知识基础理论课、专业发展核心课、专业选修课进行分类，要求学生按照相应的类别选择课程进行学习即可，并未针对不同专业的学生进行额外的课程学分管理要求。

2. 学分绩点要求高

科罗拉多矿业大学冶金工程专业不仅需要学生学习大量的课程，而且对于学分绩点的要求也很高。一般来说，在科罗拉多矿业大学获得硕士学位或者博士学位的绩点要求是不低于3.0分（满分为4.0分）。若是学生在该学年的平均绩点低于3.0分，将被予以警告，严重的甚至可能会退学。我国的部分高校也有类似的制度，但是大都不如科罗拉多矿业大学严格。科罗拉多矿业大学冶金工程专业对于部分技术类课程也有额外的严格要求。有的课程要求成绩必须达到C级以上。另外，不同年级的学分计算法则也会有所不同。科罗拉多矿业大学冶金工程专业鼓励学生跨系甚至跨校进行辅修学习。但是跨专业进行辅修的学生必须补修相关的专业技术课程，同时补修的成绩必须达到B级以上。科罗拉多矿业大学博尔德分校冶金工程专业的学生考评内容通常由家庭作业、测验、论文、实验室工作以及社会实践报告等组成。这些考核工作内容都是最终成绩的重要组成部分。这就要求学生认真对待每一次作业、实验和社会实践报告。

3. 考试通过要求高

科罗拉多矿业大学冶金工程专业的考核方式较复杂，考试通过的要求也较高。教师会带学生到实习基地来了解冶金行业的现状，然后在课堂上

---

① 孙平贺，张绍和，曹函，等. 美国地质工程专业本科课程体系概况——以科罗拉多矿业学院为例 [J]. 中国地质教育，2018，27（4）：91-95.

做报告。为了能使学生较好地完成学习任务，教师会在课后对学生进行再次评估。通过反复培训，加深学生对理论知识的理解，提高学生运用理论知识的能力。因此，不难看出，学生想要取得更好的成绩必须不断地努力。我国研究型大学冶金类专业的期末考核方式通常是以期末卷面考试的形式完成，或是交一份读书报告，很多学生都可以轻松过关，但是课程学习的成效似乎不显著①。

6.6.3.3 以启发为主导的教学方式

科罗拉多矿业大学冶金工程专业的教师十分重视培养学生的独立思考能力，注重理论知识的实际应用，注重互动式的教学氛围，注重培养学生用知识解决实际问题的能力。

1. 注重学生思考

科罗拉多矿业大学冶金工程专业的学生通常没有固定的教材，但教师往往会根据课程内容指定详细的教案，列出一系列参考书。在课堂上，教师通常不会按照某本教材或书籍的提纲内容进行授课，而是在自己对知识理解的基础上教授给学生。若对一些问题有疑问，教师会引导大家提出自己的观点互相探讨。教师也会让学生在课后进行有针对性的研究，让学生得出自己的判断。教师会在课堂上经常提及传统冶金模式的局限性，鼓励学生在学习之余根据实际观察进行再研究和再思考，而不是根据现有的模式进行思维定式的判断。学生在教师的启发下，会逐渐摆脱思维的禁锢，并进行独立自主的思考②。

相对而言，我国教师在教学中更注重知识的逻辑性和系统性，较少培养学生独立思考的能力。

2. 重视实践应用

通过观察科罗拉多矿业大学冶金工程专业的课程体系，可以发现科罗拉多矿业大学非常重视培养学生的实践能力。它开设了许多社会性和实践

① 祁蕊，王秀芝.国外高校矿业工程学科比较及启示——以美国、俄罗斯、波兰、澳大利亚四所高校为例 [J].煤炭高等教育，2016，34 (4)：22-27.
② 张元中.科罗拉多矿业学院地球物理系导师培养研究生的模式及启示 [J].石油教育，2011 (3)：67-71.

性的课程。在每一门课程的教学内容中，几乎都包含了实验、社会性考察、计算机操作和实例练习等实践活动环节，并且这些都是学生成绩考核的重要组成部分。这说明科罗拉多矿业大学准确地把握了冶金类专业须重视实践应用的特点，并将其作为人才培养的一个重要影响指标①。

3. 重视学科前沿

除了注重实践外，科罗拉多矿业大学冶金工程专业的教师还特别注重学生对学科前沿问题的研究。教师在自身掌握学科前沿发展动态的前提下，通常会提前将需要学生阅读的文献资料上传，让学生下载阅读，然后在课堂上对文章进行针对性的讨论。但有些课程也会直接要求学生进行自主探索阅读，自发讨论相关领域的科学问题，在课堂上提交报告讨论结果。这些教学模式一方面激发了学生对冶金工程专业的研究和探索的兴趣；另一方面也使学生不仅仅停留在经典概念或经典模型的约束下，而是立足于学科前沿性发展进行研究。

6.6.3.4 以效果为导向的评价体系

从整体上来看，科罗拉多矿业大学冶金工程专业十分重视学生对教师的教学评价。每门课程结束后，每个学生都会在网上对课程进行评估，包括课程设计、教学规范和教学态度，以及自己的受益程度、需要改进的地方等。冶金工程专业的教学评价以学生为中心，以学习效果为导向，看重学生学习后的收获。教师在收到这些具体的评价结果后，也会对自身的教学方法和内容进行改进。我国的高校虽然也较早实行了课程后的评价考核体系，但是往往流于形式。原因在于我国对课程评价体系的重视程度不够，尤其是教师对评价结果的作用没有一个正确的把握。有的教师将评价结果作为自身进行评奖评优的"踏板"，而非作为改进自身教学的有力推手。因此，我国大部分高校的各项评价体系没有达到"以评促建"的效果，也未达到改善教学的效果。

6.6.3.5 "人道主义工程"副修计划

科罗拉多矿业大学在 2003 年起实施了著名的"人道主义工程"副修

---

① 刘嘉铭，吕伊雯，张力玮. 立足自身优势 彰显办学特色 推动创新发展——访美国科罗拉多矿业大学校长保罗·C. 约翰逊［J］. 世界教育信息，2019，32（11）：3-7.

计划项目，旨在培养工科学生的社会责任感以及社会服务意识。"人道主义工程"副修计划与传统的工程教育项目相比有几个明显的区别。首先，"人道主义工程"副修计划强调可持续性发展。它认为人类的利益往往不是眼前的经济性利益，强调工程教育要把经济利益、社会利益、人类未来利益与自然利益相结合。其次，"人道主义工程"副修计划注重对人类本身价值的追求，强调工程师要为人类社会服务，工程师须具有社会责任感，尤其是要提高不发达地区的工业发展水平。最后，"人道主义工程"副修计划强调工程教育的社会性与实践性，注重社会的政治、经济和文化等方面的因素对工程教育的影响与抑制①。

6.6.4 启 示

科罗拉多矿业大学冶金工程专业对我国的工程教育建设具有十分重要的启示。工程是改变人类生活、影响人类生存环境、决定人类未来发展的重要活动。从知识管理层面看，在"科学—技术—工程—产业—经济—社会"的知识链条中，工程处于一个中心地位，它是科技知识转化为现实生产力的关键环节。因此，工程实践直接关系到国家、地区和工业经济的发展水平，也直接影响着广大人民群众的生活质量。

6.6.4.1 注重培养学生的实践能力

在课程设置上，科罗拉多矿业大学冶金工程专业通过开设应用型、前沿型、综合型的系列课程来培养学生的实践能力。我国的冶金类课程也应注重实用性、前沿性和全面性，尤其要开展更多的社会实践课程，把书中的描写与实际的社会现象联系起来。一方面能激发学生的兴趣，另一方面也有助于学生更准确地理解工程实际。因此，建议我国工程教育在进行课程设置时应当尽量安排一些社会性的实践活动，最大限度地提高课堂教学的延伸性。另外，课程设置要特别注重加强学生对前沿学科的学习，引导学生从学术前沿的角度去思考和发现问题。当然，这也需要教师加强专业素质建设，增强自身的学科底蕴和积累。

---

① 雷庆，胡文龙. 工程教育应培养能造福人类的工程师——美国科罗拉多矿业学院"人道主义工程"副修计划的启示 [J]. 清华大学教育研究，2011，32（6）：109-116.

6.6.4.2 加强对学生课程的重视

对学生课程的重视不仅包括学生对课程学习的重视，也包括教师对课程教学的重视。科罗拉多矿业大学冶金工程专业的学生为了能够获得学位，需要高质量地完成系列课程，更需要长期地投入学习。然而，我国冶金工程专业的学生对课堂学习的重视程度往往不够，常常以取得学分为最终目的。更重要的是，在研究生学习中，学生们全神贯注于导师的项目，容易忽略对基础知识的学习①。

与此同时，我国高校教师对课堂教学的投入也相对较少，这与学校管理层面的不予重视与督导不够有关。在高校中，存在着部分教师的教学积极性不高、与学生的互动较少等问题，从而导致教师的教学质量差，学生的学习效果差。因此，在课堂教学中，教师和学生都应重视课堂教学，可以从提高教育课程的修分难度、提高教师授课的积极性、加强学校层面的督导等方面入手，促进学生课堂教学质量的提升。此外，冶金工程专业对冶金工程师的表达能力要求较高。冶金工程师通常需要解释具体现象和原因，因此教师应提供更多的课堂报告机会，自觉培养学生的口头表达能力。

6.6.4.3 有效运用各类评价手段

知识的传授者、接受者和学校的管理者都应重视教学评价的重要性，尤其是学生对教学的评价。注重相关评价体系有利于形成"发现问题—正反馈—实践改进"的良性循环路径。学生或教师可以从课堂教学和课后实践的目的、内容、方法、路径等方面展开评价。学校和教师都应该重视对评价结果的合理应用。正确的反馈能改进教师的课程设计，有利于教师建立正确的教学使命感和教育荣辱观。工程教育与一般性教育的不同点在于它更重视实践，因此，在实践过程中也应更强调进行各类评价，使教师成为学生能力提高的主要促进者。教师通过评价进行反思是开拓学生智慧的关键。学生在学习过程中也应培养自我评价的能力，即通过思维运转来发现自身存在的问题，并进行进一步调查和提出解决办法，然后将其付诸实

① 孟尔盛. 难忘的九天——记前往美国科罗拉多矿业学院接受荣誉学位及顺访勘探地球物理学家学会（SEG）[J]. 石油地球物理勘探，2006（2）：243 - 247.

践。这一具体步骤包括：对自身问题的思考—对知识问题的思考—对解决问题的思考—对问题的再思考—对自我实践的调整。

6.6.4.4　构建工科院校的人文素质教育体系

科罗拉多矿业大学经过多年的实践，形成了培养工科学"软"素质的目标体系和课程体系，以"人道主义工程"副修计划课程为最高形式，以必修课"自然与人的价值"为基础培养相关的人文素质。相比而言，我国缺乏工科学生人文素质培养的顶层设计，导致相关课程安排得不合理，影响了教育效果。例如，我国一些工科院校提升学生人文素质的方式仅仅是随意开设几门文科类课程，课程中心不明确，课程内容混乱，教学方法不变通。有的学校虽然单独设置了相关人文素质课程，但未与所学的工程专业关联，两者之间没有实现有机融合，同时也缺乏相应课程的师资。此外，我国高校尚未形成人文素质教育体系，不能满足学生，特别是优秀学生的多样化学习需求。这些问题值得我国工程教育领域的决策者、研究者和教师进行深入思考。

6.6.4.5　通过社区服务实践提升学生能力

"以工程教育造福人类"这一价值观的形成需要经过"知、情、意、行"四个发展阶段。个体的行为是检验其道德水平和社会价值管理倾向的标准，也是学生德育的最终目标所在。在基金会的支持下，科罗拉多矿业大学已经形成了相对成熟的学生社区服务实践体系。但是，我国的相关社区服务实践体系还暂未建立。因此，应当在新的工程教育理念下再度思考我国工程教育的实践育人环节。一方面，社区服务有利于培养工科学生解决实际问题的能力；另一方面，社区服务实践体系是一个培养学生综合素质的平台和载体，能促进学生对基层社会的政治、经济、文化等方面的了解，这也符合"大工程观"的育人理念。我国许多高校常常将学生安排到大型企业中实习，却忽视了社区对学生培养的重要性。我国的欠发达地区更需要相关专业人士的技术帮助和支持。学生可以在了解某一地区人们的需求，分析当地的环境和条件的基础上开展工程技术设计和施工管理活动。这不仅可以达到工程专业实践育人的效果，也有利于培养工科学生的社会责任感和实践能力。

7 流程工业工程科技
人才培养案例总结

第 5 章和第 6 章详细地介绍了 4 个国内案例和 6 个国外案例在人才培养方面的做法，可以看到，这些案例专业在人才培养方面都具有一定的传统优势和特色，但也仍然存在一些问题。本章首先从人才培养目标、课程设置、培养模式、课堂教学、实验教学、实践实习、创新创业教育、师资队伍、校企合作培养、对外交流与国际合作等方面梳理案例专业在流程工业人才培养方面的经验，然后从国际化、综合性课程、智能化理念和技术、师资队伍四个方面提出案例专业依然存在的问题。

7.1 可供借鉴的经验

7.1.1 人才培养目标

案例高校人才培养目标的设定遵循了三个原则。一是学校和专业的传统及特色，按照所在高校的人才培养理念、传统以及专业的人才培养特色确定人才培养目标。二是工程教育专业认证标准，按照所在国的工程教育专业认证标准进一步确定专业人才培养目标，我国和国外案例高校多是分别按照中国工程教育专业认证标准和 ABET 认证标准设定相应的人才培养目标。三是面向前沿和未来，根据专业前沿进展和产业未来发展调整专业培养方案的知识架构和人才培养目标。

每所案例高校的人才培养目标都包含了两类，一是专业技能，二是非专业技能。专业技能又分为专业知识和专业能力。专业知识包括与专业相关的自然科学基础知识、工程基础知识、工程专业知识以及跨学科的专业知识；专业能力是指应用专业知识的能力，包括应用专业知识解决复杂工程问题的能力，研究、开发与设计能力等。非专业技能是帮助学生在日后职业生涯中更好地发展的知识、能力和素养，包括人文社会科学知识、家国情怀、获取知识的能力、终身学习和适应能力、沟通交流能力、组织管理和领导能力、团队合作能力、国际化视野等。这些能力和素质在不同的高校中会有所不同和侧重，但是当前一般的高校将这些能力和素质列入其中，已经成为工科人才培养目标的共识。未来流程工业人才培养的目标应在当前目标基础上，根据产业发展的需求和相关科技前沿加入新的元素，从而形成新的流程工业人才培养目标。

7.1.2　课程设置

案例高校的专业都是传统的流程工业相关专业，已经成熟运行了很长的时间，形成了较为完善的课程体系，并根据自身特点形成了特有的课程模块。总体来看，这些专业的课程设置主要有以下特征。

（1）形成了相对成熟的课程体系。案例专业的课程体系一般包括：① 通识教育课程；② 自然科学与数理课程；③ 工程基础课程；④ 工程专业课程；⑤ 实验课程；⑥ 实践教学环节；⑦ 毕业论文或毕业设计。

（2）重视通识教育课程建设。通识教育是培养学生非技术技能的重要课程模块，案例高校都非常注重学生综合能力的培养。通识教育主要涉及人文、艺术、社会科学、工程技术、创新创业等课程和知识，能够培养学生人文素养和工程伦理观等，使其养成良好的思维习惯，并帮助学生树立正确的人生观、价值观。

（3）根据产业和科技发展融入新的课程。根据产业的需求和科技发展对专业的影响及时更新相关课程是案例高校课程建设的普遍特征。近年来随着流程工业对绿色、安全的要求越来越高，相关专业也相应地开设了绿色工程、危险化学品安全管理等相关的课程，以满足产业发展的需求。同时，新一轮科技革命和产业变革带来了人工智能技术等新技术的广泛应用，为传统行业赋能，因此案例高校多数新增了相关的课程，如计算模拟仿真、虚拟实验等课程，为学生应用新技术解决传统工业问题提供知识基础。

（4）开设荣誉课程或副修计划，拓展知识广度和深度。案例高校中有的专业为学生提供了荣誉课程或副修计划，荣誉课程旨在加深课程难度，进一步培养学生的研究和创新能力，副修计划旨在拓宽学生的知识面，增强学生对专业相关知识的了解，提升学生的复合能力。MIT 的 NEET 计划和科罗拉多矿业大学冶金工程的"人道主义工程"副修计划是其中两个典型的案例。

7.1.3　培养模式

从培养模式来看，案例高校都在积极探索适合本校特色、满足行业未来发展、增强学生综合能力和可持续发展能力的人才培养模式，其主要的人才培养模式可以总结为以下几种。

（1）大类招生和培养。当前，国外高校在本科教育阶段大都采用了大类招生和培养的模式。大一学生在进校时按照大类招生，不分专业进行培养，到大二、大三时再根据学生的学习成绩和个人兴趣选择相应的专业，这类培养模式拓宽了学生的知识基础，为学生进一步了解自己和确定专业方向提供了合适的缓冲时间，对人才的分类培养和高质量培养起到了较好的作用。

（2）跨学科培养模式。跨学科培养是拓宽学生知识领域、增强就业适应性的重要途径，已经得到工程教育领域的广泛认同，在案例高校都开展了相应的实践。例如，北京化工大学在 2013 年就启动了"学科交叉班"项目，在保留学生原学院和原专业的基础上，通过选拔组建"学科交叉班"，培养学生运用多学科交叉知识解决复杂工程问题并提供系统性解决方案的能力。

（3）双专业培养模式。双专业培养模式是对跨学科培养模式的进一步拓展和深化，能够为学生提供涉及两个专业的、更为系统的知识教学和能力培养，是培养跨学科人才的较高层次的培养模式。昆士兰大学当前为本科生提供了化学-冶金工程双专业培养计划，以培养未来冶金工程师为使命，旨在为学生提供涉及化学、冶金的专业课程，帮助学生了解冶金行业从采矿到产成品的全流程的知识，从而为冶金行业的可持续发展做出贡献。

（4）"订单式"人才培养模式。"订单式"人才培养模式在当前本科教学中较为少见，但有的案例高校采取了该模式，并取得了较好的成效。中国石油大学（北京）在石油工程专业中采取了该模式，相关企业从在校学生中选拔适合企业发展的学生，并签订协议，由企业为学生提供相关费用，并由高校和企业共同制定培养方案，毕业后直接到该企业工作，不仅能够帮助企业选拔急需的专业人才，也解决了部分学生的就业问题。

（5）"3+1"校企联合培养模式。为全面培养学生的工程实践能力，若干高校采用了这种模式，即学生在校学习三年，第四年到企业进行工程实践，以加强理论与实践的结合，在实践中增强学生对工程的实际认知、对理论的理解，并通过在企业完成毕业设计进一步培养其解决复杂工程问题的能力。

7.1.4 课堂教学

课堂教学占据了本科教学的绝大部分时间，因此课堂教学的质量在很大程度上决定了人才培养的质量。案例高校专业在课堂教学方面进行了诸多的创新和探索。

（1）项目式教学。项目式教学通过围绕课程知识设置项目，通过模拟现实工程项目的设计、实施和完成，切实提高学生系统思维和解决复杂工程问题的能力。例如，昆士兰大学为学生提供了项目中心型课程：由4~6名学生组成团队，在6~13周完成一个项目模型，并进行演示和测试，最后提交工程报告。

（2）研讨式教学。研讨式教学注重教师与学生、学生与学生之间的互动，是培养学生逻辑思维、表达能力、思辨能力和批判性思维的重要途径。北京科技大学冶金工程专业为学生专门开设了新生研讨课，围绕冶金工程和其他交叉学科开展互动式教学，通过指导选题、独立探索、课堂研讨和汇报答辩几个环节提高学生对专业的认识和兴趣。

（3）基于问题的教学。基于问题的教学是以真实工程问题为基础，引导学生利用专业知识进行综合探索，进而解决问题的教学方法。案例高校，特别是国外的案例高校都开展了基于问题的教学，围绕企业和行业现实问题，吸引科研人员、学生参与，共同设计行业所需产品，培养学生的研讨能力、合作能力和解决工程问题的能力。

（4）企业人员授课。企业人员授课或开设讲座已经成为高校课堂教学的一个重要组成部分，是帮助学生了解企业的重要窗口。多数案例高校开设了相关的课程或讲座，由企业专家来校授课，使学生深入了解企业、认识企业，并由此为学生和企业提供相互了解的机会。

7.1.5　实验教学

实验是流程工业专业的重要教学内容，是连接理论和实践的关键环节，实验教学质量的提高对提升学生知识应用能力、解决工程问题能力和动手操作能力等具有重要作用。案例高校在实验教学的设计、组织与管理等方面采取了较多举措。

（1）编著实验教材。当前，虽然案例高校流程工业相关专业都开设了一定数量的实验课程，但是实验课程一般都单独开设，课程之间的衔接性也存在一定的问题，编著一体化的实验教材成为提高实验教学水平的可行性尝试。

（2）增加综合性、设计性实验。为培养学生的创新创造能力，案例高校的实验教学开始减少验证性实验教学，增加综合性、设计性实验。例如，北京科技大学冶金工程专业的实验分为三个层次：基层、综合、创新。基层层次以验证性实验为主，综合层次以融合课程知识为主，创新层次以设计性实验为主。创新层次的实验主要考查学生根据要求自行设计实验解决问题的能力。

（3）全面开放实验室。随着实验条件的改善，案例高校都具备了充足的实验场地和实验空间条件，基本都能为本科生全面开放实验室，并提供充足的实验选择。例如，北京科技大学为学生全面开放实验室，MIT 为学生提供了 59 个实验主题进行选择，充分保障了学生通过实验进行自由探索的需求。

（4）加强实验教学管理。流程工业专业的实验具有一定的危险性，安全要求比较高，案例高校都基本建立了相对完善的教学实验室管理制度，以保证实验教学的安全。例如，形成了"实验教学职责管理—实验教学任务管理—实验教学过程管理—实验教学质量管理"一体化的管理体系。

7.1.6　实践实习

案例高校都为学生提供了较多实习实践的机会，无论是校内实践基地还是校外实践基地，学生都可以获得较丰富的实践体验。特别是国外高校比较关注所在周边地区的社区服务，以此更加突显出所学知识对社会的用途。

（1）建立校内实践基地。为保证学生实践教育，有的高校将校内的一些研究中心拓展为实践教育基地，为学生提供实践机会。例如，昆士兰大学将校内的研发中心，如 HBIS‐UQ 可持续钢铁创新中心、湿法冶金集团、火法冶金创新中心等开放给学生，学生可以在毕业之前进入这些研究所进行为期一个学期的实习，以达到实践要求。

（2）校外实践基地建设。建立校企合作实践实习基地是持续保证学生实践实习的重要举措。案例高校专业都具有一定的办学历史和特色，均与相关企业建立了工程教育实践基地，为学生实习实践提供了较好的平台。

（3）服务性学习计划。昆士兰大学、科罗拉多矿业大学等高校都开设了服务性学习实践计划，旨在通过服务于当地社区的工程实习，提高学生服务社会的能力。例如，科罗拉多矿业大学的"人道主义工程"副修计划，旨在让学生深入落后地区，围绕落后地区的发展需要帮助解决工程问题，提高学生处理复杂工程问题的能力，培养学生为落后地区服务的意识。

7.1.7　创新创业教育

案例高校都比较重视创新创业教育，由于流程工业的特殊性，案例高校更关注学生创新能力的培养，以及企业家精神的教育。

（1）提供本科研究机会，增强科研与创新能力培养。一是为本科生提供研究机会计划。起源于 MIT 的 UROP 已经被全球高校争相模仿，成为高校增强本科生研究能力的重要计划之一。二是为学生进入专业实验室进行研究提供机会。案例高校专业的本科生都可以通过申请进入教师的专业实验室，与硕士生、博士生以及教师共同开展研究和实验，更深入地接触研究，提高创新能力。

（2）提供创业教育和创业机会。近年来，创新创业教育在全球受到广泛关注，案例高校都开设了一定规模的创业教育课程供学生选择。除此之外，案例高校还为学生提供了良好的创业环境和创业机会。例如，得州农工大学提供的"石油企业证书计划"由石油工程专业与商学院共同设立，通过石油专业和金融专业学生的共同参与，培养具有商业概念和企业家精神，并能成为行业领导者的石油工程师。

7.1.8 师资队伍

师资队伍是保证人才培养质量的关键，教师的教学、研究和实践能力都显著影响着学生的培养，案例高校在提升师资队伍能力方面都采取了较多的举措。

（1）教授、副教授上课制度。一是在制度规制层面，要求教授、副教授为本科生开设课程；二是在分类评价层面，通过设立教学为主的职称晋升通道，为教学型教师提供发展路径；三是在激励层面，对教师的教学工作量、教学获奖等提供更多的报酬激励。

（2）延揽企业兼职导师。企业兼职导师在提升学生对工程实践的认知和工程行业的了解方面具有重要的作用，成为工程专业建设师资队伍的重要举措。一是学校聘请具有丰富工程经验的企业工程师或管理人员来校授课或开办讲座，增强学生对企业和工程的认知；二是聘请企业人员担任导师，在学生毕业设计或毕业论文方面提供工程实践的视角和指导，增强学生工程应用能力。

（3）教师教学能力建设。一是通过"以老带新"加强青年教师教学能力。例如，北京化工大学要求新进教师通过助教工作，逐步提高教学水平。二是通过教学技能的培训提高教学能力。例如，教师须参加"高校教师教学发展中心"等组织的各类培训并达到授课能力合格后才能上岗教学。

7.1.9 校企合作培养

校企合作培养不仅仅是简单提供实习实践基地和企业导师，而应进一步强调企业在人才培养中的作用，通过深入参与人才培养过程切实增强学生的实践能力和对工程的实际认识。

（1）企业深度参与人才培养过程。案例高校一般通过以下方式深入推进校企合作：邀请企业参与人才培养目标的修订，根据企业对人才的要求调整人才培养的目标；邀请企业参与人才培养方案的修订以及专业课程的设计；与企业专家共同开设专业课程，或由企业专家主导讲授专业课程；设立由教师、学生共同参与的产学合作项目，在项目研究与实施中提高人才培养质量。

（2）设立合作教育计划。合作教育计划是校企深度合作的一种模式，通过学生在校内和企业交替学习、实践完成学业。例如，佐治亚理工学院化工专业为学生设置了一项本科生合作计划，要求参与合作计划的学生在大三期间，将其校内学习和全职工作交替进行，并满足至少三次交替工作的经历，以保证学生接受充足的实践教育，在毕业后能够顺利胜任全职岗位的工作。

7.1.10 对外交流与国际合作

国际化是人才培养的重要方面，特别是流程工业领域，涉及全球能源、资源和环境保护等问题，更需要在全球平台上寻求解决方案。搭建国际交流与合作平台成为案例高校的重要举措。一是建立国内外大学联盟，如中国石油大学（北京）牵头成立的世界能源大学联盟；二是与国外高校签订交换培养协议，这是当前最普遍的国际化人才培养方式；三是合作办学，如当前国内案例高校设立的中外合作办学机构，借鉴国外先进的办学理念和办学方式培养人才。

7.2 依然存在的问题

本书选取了国内外在流程工业相关专业人才培养较出色的高校作为研究对象,这些高校的人才培养都具有一定的特色和借鉴意义,但是基于未来的科技发展和流程工业的产业变革趋势等,可以发现这些高校,特别是国内高校在流程工业的人才培养上仍然存在一些亟待解决的问题。

7.2.1 国际化的理念和格局有待提升

可以看到,国内外高校都将国际化作为流程工业人才培养的重要内容,并且采取了较多举措来提升学生的国际化能力,但是对于国际化的认识、理念和格局都还有待提升。从国内高校来看,培养国际化能力的出发点是提升学生综合素养和就业能力、增强国际竞争力,并没有从更高的格局和视角来理解国际化。一方面,流程工业属于偏重自然资源、耗能大、环保压力大的行业,在全球石油和矿产等资源不断减少、环境保护日益受到重视的背景下,应该从人类未来可持续发展的更高格局来培养学生对流程工业未来发展的认识,流程工业的工程师要解决人类面临的共同问题;另一方面,目前国内流程工业遇到的问题也是全球流程工业的共性问题,要从国际合作的视角来认识增强学生国际化能力的重要性,通过国际合作共同应对未来流程工业面临的挑战。

7.2.2 基于流程工业流程的综合性课程教学不足

一方面,当前的教学以单门课程教学和理论教学为主,尽管课程之间存在知识的前后性和连接性,但是总体上专业内容的教学依然是分散的,学生的专业知识积累是局部的,学生缺少对流程工业整体的理解,也并不清楚所学专业知识在流程工业链条中的作用和应用,因此经常会出现"学了有什么用"的疑问。造成这一问题的关键原因是缺少向学生介绍流程工业的整个流程以及每个环节的知识和技术的综合性课程,也缺少能让学生把所学知识整合起来的项目式课程或设计。另一方面,流程工业的运行不仅涉及专业知识，还涉及全生命周期的管理，包括研发、中试、生产、储运、销售、服务等环节，当前的教学更多关注技术层面，对非技术层面关注较少，而非技术层面也是解决现实复杂工程问题的重要考量因素，亟须从流程工业全生命周期的视角来设计和开展课程教学。

7.2.3 智能化理念和技术在专业培养中体现不足

数字化、网络化、智能化是未来流程工业的重要发展趋势，是解决当前流程工业安全、绿色和高效问题的核心关键技术。从产业界的动向来看，企业都已经开始关注新一代人工智能等新技术对流程工业的影响，并开始着手或已经开始相关的技术改造升级。尽管高校也已经意识到智能化技术对流程工业人才培养的影响，但是人才培养方案调整偏慢，使得当前的培养方案和课程设置中体现智能化理念和技术的课程并不多，仍以原先设置的模拟仿真、建模、计算机等课程为主，智能化技术与专业课程结合的学科交叉课程就更少了。可以说，当前流程工业专业的课程设置不能及时跟上技术的发展，也不能充分满足企业的需求，亟须通过人才培养方案的调整或课程的重新设置来进行传统流程工业专业的转型升级。

7.2.4 师资队伍的"非工化"问题尚未有效解决

工科教师的"非工化"问题是当前制约人才培养质量的重要因素之一。从国内外案例高校来看，在转变流程工业专业教师"非工化"方面的举措比较有限，当前主要是通过产学研合作项目，由企业委托高校教师帮助解决相关技术问题，教师在这个过程中逐渐认识流程工业的实际运行，提升工程实践能力。但是，从企业的反馈来看，整体来说，教师在解决流程工业实际问题上的能力有限，能帮助企业攻克核心技术的更少。而这又反向减少了产学合作的机会，更不利于教师实践能力的提升。此外，流程工业装置复杂、流程繁多、生产线长，教师在一线实践很长时间也未必能弄清流程工业的整个流程，这对提高教师实践能力和解决复杂工程问题的能力都带来较大的影响。

8 新时代我国流程工业工程科技人才培养发展战略设计

在充分把握和了解工程教育新趋势、未来流程工业对人才的需求、流程工业工程科技人才培养现状及问题，以及国内外人才培养案例的基础上，本章从人才培养目标、人才培养模式和人才培养体系与路径三个方面设计了新时代我国流程工业工程科技人才培养发展战略，以期培养适应流程工业智能优化制造的工程科技人才，提升我国流程工业工程科技人才培养质量。

8.1 人才培养目标

新时代背景下，面对流程工业智能优化制造的发展趋势，我国流程工业工程科技人才培养被赋予了新的内涵，人才培养目标将发生重大的变化。结合《工程教育认证标准》（2017年11月修订），本节从知识、能力、素质、价值四个维度具体阐述新时代我国流程工业工程科技人才培养目标。

8.1.1 知　识

未来的流程工业人才应该具备足够的知识基础，在流程工业智能优化制造以及全生命周期管理方面有知识储备，这主要涉及以下类别的知识。

（1）数学与自然科学知识：这是传统流程工业专业培养方案的重要组成部分，每个专业都会设置一定数量的数学、物理和化学等基础课程，作为工程专业学习的基本知识储备。

（2）工程基础与专业知识：作为流程工业专业培养的核心模块，工程基础与专业知识是决定人才专业程度的关键，当前相关专业已经形成了相对成熟的专业知识体系。

（3）经济管理与法律知识：流程工业的全生命周期管理涉及研发、生产、储运、销售和服务等环节，一个优秀的未来工程师应该具备一定的经济管理与法律知识，从而有能力对流程工业进行全生命周期的管理。

（4）跨学科知识：流程工业所面对的现实问题向来都是复杂的工程问题，需要多学科知识的综合运用。基于现在过于狭窄的专业设置和未来流程工业更高综合性的要求，未来流程工业专业人才应该在原有专业基础上跨学科学习一个相关的理科或工科的专业核心课程群组。

（5）人工智能的技术知识：未来流程工业的重要趋势是智能优化制造，人工智能技术的知识必然要成为人才培养的重要部分，也要成为未来流程工业人才的核心知识储备。

8.1.2 能 力

未来流程工业人才应该具备应用专业知识和技能并综合考量非技术因素来解决复杂工程问题的能力，并能够基于系统工程和全生命周期管理的理念开展工程项目的管理、创新，创造新的价值。要承担和完成以上的任务，未来流程工业人才应该具备以下几个方面的能力。

（1）利用工程知识解决复杂工程问题的能力：能够将数学、自然科学、工程基础和专业知识用于解决复杂工程问题。

（2）问题分析的能力：能够应用数学、自然科学和工程科学的基本原理，识别和表达问题，并通过文献研究分析复杂工程问题，获得有效结论。

（3）设计/开发解决方案的能力：能够设计针对复杂工程问题的解决方案，设计满足特定需求的系统、单元（部件）或工艺流程，并能够在设计环节中体现创新意识，考虑社会、健康、安全、法律、文化以及环境等因素。

（4）研究的能力：能够基于科学原理并采用科学方法对复杂工程问题进行研究，包括设计实验、分析与解释数据等，并通过信息综合得出合理有效的结论。

（5）使用现代工具与人工智能技术的能力：针对复杂工程问题，能够开发、选择与使用恰当的技术、资源、现代工程工具和信息技术工具，包括对复杂工程问题的预测与模拟，并能够理解其局限性；能够掌握与专业相关的人工智能技术、计算工具等。

（6）工业软件设计、开发与操作的能力：能够操作流程工业领域使用的软件，并能满足未来流程工业智能优化制造的要求，具备一定的工业软件设计与开发的能力。

（7）系统工程思维的能力：能够从工程项目的方案设计、技术设计、工艺设计、运营设计、试验验证、生产制造等方面进行综合考虑，并具备全生命周期管理的理念和系统工程的思维。

（8）批判性思维的能力：具有反思和质疑的精神，能够对工程项目、企业运行等进行评估、观察和独立思考，并形成自己的观点。

（9）创新与创造的能力：能够综合运用所学知识和技能形成新的想法、方法、技术、产品等，创造新的价值。

（10）团队合作与领导的能力：能够在多学科背景下的团队中承担个体、团队成员以及负责人的角色。

（11）项目管理的能力：理解并掌握工程管理原理与经济决策方法，并能在多学科环境中应用。

（12）沟通与表达的能力：能够与他人进行有效的沟通，并通过文字、口头表述等方式清晰表达自己的观点。

（13）国际化的能力：掌握至少一门外语，具有国际视野，识别和尊重文化差异，能够在国际化项目中进行沟通和交流。

（14）终身学习的能力：具有自主学习和终身学习的意识，能够不断学习和适应发展。

8.1.3 素 质

未来流程工业人才应该具备全面的素质，通过人文素养、科学精神、工程伦理、坚毅品性等方面的全方位培养，成为高素质的工程人才。

（1）人文素养：具备一定的文学、哲学、美学的思考与鉴赏能力。

（2）科学精神：能够遵循科学规律，按照工程科学与技术发展的逻辑解决工程问题、创造工程价值。

（3）工程伦理：了解工程对自然环境、社会、健康、安全、经济发展等的影响，进行工程决策和实施时严格遵循工程伦理和职业规范。

（4）坚毅品性：具备坚韧不拔的意志、吃苦耐劳的精神和克服困难的勇气。

8.1.4 价　值

未来流程工业人才要形成正确的价值观，才能成为新时代合格的工程师。

（1）专业使命：具有深耕专业的职业理念，心怀为行业发展奉献自我的职业使命。

（2）家国情怀：具有强烈的民族认同感，坚定的爱国、报国的理想信念。

（3）健全人格：具有乐观的精神、包容的胸怀、坚定的信心，具备良好的抗挫力和情绪管理能力等。

（4）社会责任：具有社会责任感，能在工程项目中维护公平、正义和价值。

8.2　人才培养模式

随着流程工业工程科技人才培养要求和目标的提高，现有的人才培养模式不足以支撑未来工程科技人才培养的需求，亟须重建新的人才培养模式。本研究认为，未来流程工业人才培养模式是一种基于全生命周期的多通道模式，核心思想是将流程工业的全生命周期理念贯穿于整个培养过程，为学生提供多样化、个性化教学，形成多通道的职业方向选择。该人才培养模式并非是单一的，而是在培养目标的指导下，为学校人才培养提供一个综合性框架，学校可以根据自己的专业特色选择性地组合合适的培养路径，进而培养出未来流程工业所需的人才。

8.2.1 以全生命周期理念引领培养模式设计

工程活动具有过程性、有序性、动态性和反馈性，是全生命周期的集成与构建[①]。工程人才培养应该按照工程活动的实际运行逻辑展开，而不是简单地按照学科知识的逻辑进行教学组织。从全生命周期来看，工程项目依次包括概念设计、研发、试验、制造、运行、服务和退役等环节。当前的流程工业人才培养模式则主要以学科性专业知识教学为主，以课程为主要授课形式，将专业知识分散于课程之中，缺少基于工程项目逻辑的整合性教学，导致学生不能从整体上把握流程工业项目或进行知识学习和整合。未来的培养模式应该从全生命周期的视角进行设计，一方面从流程工业全过程来设计专业课程和知识教学，让学生了解专业知识在流程工业每个环节中的应用；另一方面加强非专业知识和技能的教学，培养学生在流程工业全过程工作的能力。

8.2.2 为学生提供多样化、个性化的培养过程

在培养过程上，学校可为学生提供统一的和可选择的学习、实验或实践等模块，以实现多样化、个性化的人才培养。

（1）招生培养：从宽基础培养的未来趋势来看，学校招生培养在整体上要实现大类招生、大类培养和跨学科培养。此外，可以通过建立试点班的模式积极探索新的培养模式。

（2）培养方案：可以通过设置荣誉课程，增强学生的专业基础知识；可以通过双学位、辅修等拓宽学生的知识基础；可以通过本硕、本硕博贯通培养，培养创新型、研究型人才。

（3）课程设置：按照培养目标中对知识的要求，为学生开设数学和自然科学课程、工程基础和工程专业课程、跨学科课程、人工智能课程等。

---

① 殷瑞钰，李伯聪，汪应洛，等．工程方法论［M］．北京：高等教育出版社，2017.

（4）课程形式：可以为学生提供多个不同方向的课程群来培养不同类型的人才；通过项目式课程整合流程工业的全过程，培养学生设计和管理项目的能力；根据教学发展的需要，提供 MOOC，以及 AR、VR 等课程。

（5）教学组织：为满足跨学科教学的需要，未来应重点设置跨院系课程和跨院系教学组织。通过设立未来技术学院、现代产业学院等培养创新型人才和实践型人才。

（6）实验教学：应在当前重点关注验证性实验的基础上，为学生提供进行设计性实验、综合性实验、探索性实验的机会。

（7）实习实践：应在为学生提供企业实习、毕业实习的基础上，创造校内校企研发中心等机构提供校内实践的机会。以"服务性学习"的理念为学生创造与专业相关的社会服务机会，帮助学生了解专业相关的社会需求和社会问题等。

（8）国际化：通过国际化课程、国际化交流项目、国际化学院和国际化联盟等形式，为学生创造国际学习和交流的机会。

（9）师资队伍：通过不同学科的教师组织，以及专业教师在跨学科领域的自我提升来提供跨学科师资；进一步增强教师的企业实践经验；加强任务导向和激励举措的企业师资建设；引进和培养国际化师资。

（10）校企合作：校企合作的主要方式包括联合共建实践实习基地，共同开展产学研育人项目，进行"订单式""委培式"培养，企业参与培养方案修订、课程设计和教学等，通过企业深度参与人才培养的方式提升人才的实践能力和适应能力。

8.2.3 提供多通道的培养方向

未来流程工业发展需要不同的人才，具体来看，可以分为工程科学家、工程师、企业家和工程管理人员。工程科学家是指具有深厚理论知识，能够提出和解决流程工业重大问题的科学型人才。工程师是指具有丰富理论知识和实践能力，能够解决流程工业重要问题的工程型专家。企业家是指具有流程工业基本理论知识，了解企业管理，能够胜任流程工业企业管理的工程型企业家。工程管理人员是指具有流程工业相关理论知识和实践能力，能够带领团队完成工程项目的工程人员。

本节提出的基于全生命周期的多通道人才培养模式（图 8-1），可以通过培养方案、课程设置、教学组织、实习实践、校企合作等方面的不同安排，为学生提供个性化的学习方案，学生能够根据自身需要选择不同的学习方案和发展路径。

图 8-1　基于全生命周期的多通道人才培养模式

8.3　人才培养体系与路径

人才培养目标和模式的变化，必会带来人才培养体系的重构，本节提出我国流程工业工程科技人才培养新的体系与路径，具体包括以下六个方面的内容。

8.3.1　学科专业体系

在产业革新和科技发展的背景下，改变当前学科专业设置是人才培养体系改革的顶层设计需求。流程工业相关的专业多为传统专业，有较长的办学历史和传统，存在比较明显的路径依赖，在学科专业体系的重塑上具有较大的难度。其学科专业体系的调整可以采用两种方式：一种是改造现有的学科专业，通过压缩传统的专业课程为人工智能等新技术课程提供空间，构建"专业+人工智能"的知识体系，形成具有新内涵的专业；另一种是设立新的专业，按照流程工业智能优化的需求，重新设计专业知识和课程体系，形成专业知识与人工智能技术相融合的新专业。

8.3.2　课程体系

在课程体系上，一方面可以按照基本的课程模块，设置通识教育课程、数学和自然科学课程、工程基础和工程专业课程、实践实习以及毕业设计课程等，特别是在通识教育课程中加强核心通识课程建设，帮助学生切实提高人文素养和树立正确的价值观；另一方面应重点加强跨学科课程和人工智能课程建设，跨学科课程以相关理工科专业课程为主，增强对原有专业的互补性，人工智能课程以项目式课程或课程群方式建设，实现新技术与传统专业知识的有机融合。

8.3.3　教材体系

教材是专业知识的核心载体，能够为学生提供较为完备的知识体系。总体来看，现有的教材滞后于当前流程工业的发展，更不能满足融合人工智能技术的未来流程工业的需求，教材体系的重新设计亟须加快。一方面，要专门编著一批新教材，讲解某项或某几项人工智能新技术在流程工业中的应用；另一方面，更新当前的专业教材，在流程工业工程知识讲解、问题分析求解中融入新技术的相关内容。

8.3.4　教学方式

在流程工业智能优化制造背景下，其人才培养体现出极强的问题导向性和应用性，因此，必须改变传统教学方式，推广和应用 MOOC、CDIO①、翻转课堂等教学方式，采用项目式课程等教学组织形式，激发学生的学习兴趣，培养学生自主探究、自主学习的能力，增强面向现实复杂问题的实践性教学，使学生能够在学习求解过程中掌握新技术，获得应用于流程工业工程的技能。

8.3.5　师资队伍

目前高校中的流程工业工程专业教师都是在传统技术背景下培养和成长起来的，如何建设一批熟知并能应用新技术研究流程工业工程，进而开展教学的师资队伍是推进新技术与流程工业工程专业教学结合的关键性节点问题。一方面要加强培训、鼓励自学，提升在校专业教师对新技术的认知和应用能力；另一方面要聘请企业相关工程师担任授课教师开展相关的教学。

8.3.6　校企联合

应当突破校企合作的"最后一公里"，让学生在实践中感受到企业文化、职业素养，解决学生远离企业、缺乏工程实践机会、大学教育与企业需求脱节等问题。技术人员深入高校的方式能够使学生了解产业需求，获得企业实践中相关的知识，进一步密切企业与学校的关系，发挥企业对学生创新实践能力培养的作用，同时，高校也起到支撑企业创新发展的作用。

---

① CDIO 即构思（Conceive）、设计（Design）、实现（Implement）和运作（Operate）。

9 新时代我国流程工业工程 科技人才培养的对策建议

人才培养是一个多方参与的生态系统，而政府、高校和企业是其中最主要的参与者。本章基于前述研究，分别从政府、高校和企业三个层面提出推进新时代我国流程工业工程科技人才培养改革的对策建议。

9.1 政府层面

9.1.1 进一步调整学科专业目录，增加高校专业设置自主权

从调研中可以发现，多数专家认为当前的学科专业设置划分过细，这导致培养人才的专业知识狭窄，不能适应现代产业对人才的需求。这个问题在以往文献中也有较多专家提及，因此，可以说根据当前我国高等教育事业发展和产业发展的需要，调整学科专业目录是完善人才培养顶层设计的最重要的内涵和最核心的关键举措，具有人才培养改革"总按钮"的作用。新的学科专业目录应该反映最新学科专业的发展逻辑，以及产业对人才的需求逻辑，从而使学科专业目录对人才培养起推动作用而不是阻碍作用。此外，应进一步增加高校在专业设置方面的自主权，特别是给予学校在新工科专业和交叉学科专业设置方面更多的自主权，为学校工科人才培养的改革提供充分的自由探索的空间。

9.1.2 建立校企合作培养的约束与激励机制

当前，高校和企业在人才培养上存在利益耦合的问题，从高校和企业

双方的视角都难以有效解决，而政府在其中应该发挥更为积极的作用，通过制定适当的约束和激励机制促进校企合作人才培养。在约束机制方面，可以从条件约束方面加强校企合作培养，例如，可以将企业参与人才培养作为企业申报各层次高新技术企业等的必要条件，将"有企业深度参与人才培养"作为高校申报一流专业等的必要条件等；在激励机制方面，可以通过一定的税费减免鼓励企业参与人才培养，例如，对"订单式""委培式"培养的学生提供一定的政府补贴等，以鼓励更多的学生进入相对确定的校企合作模式进行培养。

9.1.3 建立区域性校企合作基地

当前的实践实训基地通常由高校与企业建立，其合作的可持续性和深度都缺少保证，政府可以在建立区域性实践实训基地方面发挥更多的作用。一是由政府建立区域性流程工业企业实践实训联合基地，将区域内重要的流程工业企业纳入，由政府统筹协调区域内企业的实践实训资源，为区域内高校提供针对性的资源服务；二是由政府组织建立区域性高校实践实训基地联盟，统筹区域内高校的实践实训资源，提高实践实训资源的开放和共享程度；三是由政府组建区域性重要流程工业企业和相关高校共同参与的产教融合基地，为区域内企业、高校间开展跨企业、跨校的联合培养提供平台。

9.2 高 校 层 面

9.2.1 完善人才培养目标，突出价值教育

本书根据未来流程工业发展的需求，提出流程工业人才"知识-能力-素质-价值"四位一体的培养目标。知识方面包括数学与自然科学知识、工程基础与专业知识、经济管理与法律知识、跨学科知识、人工智能的技术知识；能力方面包括利用工程知识解决复杂工程问题的能力，问题分析的能力，设计/开发解决方案的能力，研究的能力，使用现代工具与人工

智能技术的能力，工业软件设计、开发与操作的能力，系统工程思维的能力，批判性思维的能力，创新与创造的能力，团队合作与领导的能力，项目管理的能力，沟通与表达的能力，国际化的能力，终身学习的能力；素质方面包括人文素养、科学精神、工程伦理、坚毅品性；价值方面包括专业使命、家国情怀、健全人格、社会责任。

9.2.2 加强理想信念教育，培育家国情怀和奉献精神

从调查数据来看，流程工业专业毕业生进入相关领域就业的比例不高，其主要是由流程工业工作环境艰苦、起薪低、工作区域危险性高等因素造成的。这一方面虽然与流程工业本身的工作性质和特点有关，但也应该反思当前人才培养中比较欠缺家国情怀、奉献精神等教育的问题，使得毕业生在职业选择上往往倾向工作环境好、起薪高的工作，没有深刻认识到流程工业对我国工业、经济和社会发展的重要性，难以甘愿为国家流程工业发展奉献自己。因此，高校在未来流程工业专业的教育中应该特别注重理想信念的教育，加强对学生服务社会、报效国家的奉献精神的培养。通过开设专门的导论课程，或者在专业课程中由专业教师向学生们强调流程工业的重要性，阐明从事流程工业的意义，积极鼓励学生到流程工业一线工作。

9.2.3 按照"学科+工程"的逻辑设计课程，增加"EHS+AI"课程

当前，流程工业专业的课程普遍按照学科逻辑来设计，这是学生系统掌握专业知识的重要保证。但是对于面向就业的学生来说，掌握流程工业项目的运行逻辑同样重要。这就要求在未来的课程设计中综合学科逻辑和工程逻辑，将专业知识进行分布式设计，融入工程项目运行的各个环节，使学生在学到知识的同时能够了解所学知识在工程项目中的应用，从而增强学生的学习兴趣，提高应用知识解决工程实际问题的能力。此外，针对流程工业绿色、安全、高效和智能的发展趋势和要求，高校应该增加EHS课程，提高学生绿色意识、健康意识和安全意识，特别要融入 AI

的相关课程，将 AI 技术作为未来流程工业专业课程不可或缺的组成部分。

9.2.4　探索项目式课程教学，增强课程互动性

从国内外高校案例来看，项目式教学已经成为课堂教学改革的重要选择。项目式教学以设计工程项目（产品）或解决现实工程问题为牵引，围绕项目过程向学生讲授相关知识，并要求学生应用相关知识完成项目，能够较好地实现知识教学和能力培养相结合的目标。未来流程工业专业教学应该积极尝试项目式教学，将流程工业中的现实问题作为教学素材，提升学生了解产业实际和解决复杂工程问题的能力。增强课程互动性也是当前课堂教学的重要改革方向，师生互动有助于学生消化知识，提高学生的思辨能力、表达能力等，可以积极采用开放式问答、课堂小组讨论、PPT 汇报等方式加强课程互动性。

9.2.5　开展跨学科教学，培养复合型创新型人才

跨学科教学是流程工业人才培养的必然趋势，既能满足学生多通道就业的需求，也是流程工业自身发展对复合型人才的需要。在培养方向上，高校可以按照"工程科学家""工程师""企业家""工程管理人员"不同培养方向，向学生提供不同的课程群和课程模块，开展较为扎实的跨学科教学。具体来看，"工程科学家"方向以相关的理科课程为主，"工程师"方向以相关的工科课程为主，"企业家"方向以商学、管理学课程为主，"工程管理人员"方向以管理学课程为主。在教学组织上，可以通过跨院系选修，以及辅修、双学位等方式实现复合型人才的培养。

9.2.6　提供更多实验机会，增加创新性实验

实验教学是流程工业人才培养的重要环节，随着我国高校教学条件的不断改善，学生的实验技能获得了较大的提升。但是从调查结果来看，教师认为当前实验教学存在的主要问题是学生自由开展实验的机会少，以及实验的挑战度不高。鉴于此，高校一方面要为学生提供更多的在实验课外

开展实验的机会，通过增加实验场地、设备，实行实验室全天开放等方式满足学生的实验需求；另一方面要增加创新性实验，提升实验的挑战度，适当降低实验课中验证性实验的比例，增加探索性、设计性和综合性实验，为学生提供更多自由探索的机会，增强学生的学习和实验兴趣，激发创造性思维。

9.2.7 延长实习时间，提高实习质量

学生的实践能力偏弱是工程教育中长期存在的问题。从企业调查来看，企业一般认为学生毕业实习时间依然偏短，学生学不到太多东西。从教师调查来看，较多教师认为现在的毕业实习缺少实操训练、顶岗实习等，学生的实践能力没有得到充分提升。为此，建议学校在学生毕业实习的学期压缩课堂教学，进而能够为学生提供 3 个月左右的实习时间，在保证实习时间的基础上积极提高实习质量。例如，在教师的产学研合作项目中吸收本科生参与，教师带领学生在实际解决流程工业问题的过程中提高其发现、分析和解决问题的能力；专业教师带组进驻企业，对学生的毕业实习进行全程监督和指导等。

9.2.8 提升国际化格局，增加国际实践机会

从国内高校实践来看，国际化培养已经成为流程工业人才培养的重要组成部分，学生开展国际化交流与合作的机会日益增多。但是也可以发现，我国高校开展国际化人才培养的主要目标是提升学生的国际化能力，进而提升其就业能力。在人类面临共同挑战，包括流程工业面临可持续发展挑战的背景下，国际化教育应该让学生从更高的层面去认识国际化问题，要将解决流程工业全球共性问题、为全人类谋取更好未来作为国际化培养的目标，增强学生建设"人类命运共同体"的责任感和使命感。与此同时，高校要从为学生提供国际化课程和学习交流项目转变成提供更多的国际实践机会，在跨文化的真实工程项目实践中提升学生的国际化意识和能力。

9.2.9 提高产学研合作要求，提升教师实践能力

工科教师拥有良好的实践能力和对流程工业较高的熟识度，有利于开展理论与实践相结合的教学，有助于学生对理论知识的掌握和流程工业现实发展的了解。针对当前工科教师实践能力不足的问题，建议采取以下举措改进：一是适当降低对博士后的科研考核，转为要求在两年博士后期间有一年时间全职在企业进行工程实践；二是对工科教师开展产学研合作的要求做出规定，将产学研合作项目的数量、经费、解决现实工程问题的程度等作为职称晋升的必要条件；三是尝试探索"企业服务"制度，例如，规定工科教师每隔五年要在企业全职服务半年等，保证教师始终对流程工业的实际运行保持高度的敏感。

9.2.10 耦合高校、企业和学生利益，建立可持续校企合作培养模式

校企合作培养是当前工科人才培养中非常受关注的方面，但其可持续性和深度都难以推进，高校、企业和学生之间的利益没有实现良好的耦合是这一问题的重要原因。具体来看，高校将企业参与作为人才培养的重要方式，但是给予企业的回报有限；学生将企业实践作为毕业要求的任务，并没有在实践结束后留在实践企业的强烈意愿，以致企业提供实践资源但留不住人才；企业也多以取得快速回报为主，缺少参与人才培养的动力。可以看到，当前的校企合作人才培养既没有约束机制，也没有激励机制，很难将高校、企业和学生的利益耦合在一起，实现校企培养人才的深度合作。为此，建议高校通过以下举措实现可持续的校企合作人才培养：一是与企业开展"订单式""委培式"培养，选拔有意进入企业工作的学生签订培养合同，保证学生毕业后进入签约企业工作；二是加强高校与企业之间的利益互补，例如，用高校为企业员工开展的免费培训等换取企业为学生提供的实践岗位；三是提高对学生毕业实习的要求，让学生真正把企业实践作为学习的重要一环，而不仅仅是完成任务。

9.3 企 业 层 面

9.3.1 更新合作理念，积极参与人才培养

对于企业来说，亟须更新校企合作培养人才的理念，进一步认识参与人才培养对企业的意义。首先，参与人才培养是企业履行社会责任的重要表现。高校培养的人才中大部分最终都要到企业工作，企业是高校人才培养的主要受益者之一。尽管存在参与人才培养时间短、回报小等情况，但是从整个经济和社会发展的全局来看，企业参与人才培养是为国家和社会经济发展做贡献，是履行社会责任的重要途径，也有助于提高企业的社会声誉。其次，参与人才培养是企业遴选高质量员工的重要途径。虽然企业无法强制留下所有满意的实习人员，但是至少可以留下部分人员，通过为学生提供实习岗位有助于降低用人成本并遴选到满意的员工。①

9.3.2 创新合作方式，平衡企业短期收益

当前的校企合作培养方式主要是企业为高校人才培养提供实践基地、实习岗位等，企业较难实现短期的收益，很大程度上降低了企业的积极性。因此，创新合作方式、平衡企业在人才培养中的短期收益是促进企业积极参与人才培养的重要举措。建议企业积极同合作高校签署包括人才培养在内的框架协议、备忘录等，将高校为企业员工优先或免费提供在职培训、企业在高校科技成果转化方面享有优先权等内容作为企业深入参与人才培养的重要互补条件，从而进一步平衡双方的付出和收益，推进校企合作人才培养的深度和可持续发展。

---

① 范惠明，周匀. 通过校企合作加强工程师能力培养——"卓越计划"的实践与反思[J]. 化工高等教育，2018，35（1）：22-27，71.